新觀點
新思維
新眼界

所有工作
——都是——
業務工作

銷售力，最有價值的職場軟實力

Every Job is a Sales Job:
How to Use the Art of Selling to
Win at Work

Dr. Cindy McGovern

辛蒂・麥高文 博士 著

吳綺爾、林淑鈴 譯

無論你從事什麼工作、職稱是什麼，
你都可以善用「銷售」技能，
讓事業和人生發光發熱！

目錄

無論你從事什麼工作，你每天都在銷售

我有三個重要的真理要和各位分享：

第一，你是業務。無論喜歡與否，每個人都是業務。

第二，你應該隨時都在「銷售」——起碼以非正式的方式。

第三，就算是以非正式的方式「銷售」，對你的職涯與你們公司都有幫助。

我是怎麼知道的？是這樣的，我是個大學教授，應該說我以前是大學教授，或者我認為自己是個大學教授，但如今我再也不是了。

我以前是大學教授，不過事實證明，我天生是個

業務高手。

我十分擅長說服別人做我要他們做的事。我很有說服力，而且我知道自己想要什麼，對於追求的事，我也總是充滿熱情，努力達成。

這股熱情，加上祖母對我的形容：「伶牙俐齒」，以及我天生外向的個性，似乎很具感染力。如果我真的真的非常相信一件事，往往都能夠感染別人，使他們具有同樣的活力和信心。他們就會想要幫助我、付出點什麼，不管是跟我合作，或是成為我的朋友。

這其實是一種天賦，我很感激能夠擁有這種天賦，它幫助我在職涯和個人生活方面，都能過上最美好的日子。

這樣的天賦，以及我擁有的活力和信心，幫助我成功轉換職涯跑道，從大學教授變成銷售顧問。它引領出我內在的創業家，我開了一間公司，幫助對於做業務不是那麼拿手的人學會銷售、事業發展得更成功，其中有些或許一點也不想從事業務工作。

不過，在我還是大學教授時，我從來都不認為自己是個業務，儘管在無意識的情況下，我成天都在「銷售」。

　　你知道嗎？你也是 —— 無論你從事什麼工作，個性和我一樣外向，或是有點害羞、甚至內向都是。

　　這是一項很重要的啟示，無論你的職業是大學教授、律師、優步（Uber）司機、維修工程師、接待人員、程式設計師……，你都必須「銷售」。或許你不這麼認為，可能也沒有意識到這點，但你確實每天都在「銷售」，每天。

　　身為教授，我必須說服學生上課、按時繳交作業。身為律師，你可能必須說服你的委託人接受認罪協商，或是說服陪審團裁定你的委託人無罪。身為維修專家，你可能必須說服公司決策者同意讓你升級設備，這樣你才能把工作做好，同時你也必須教會同事正確使用設備。身為接待人員，你必須讓訪客或打電話到公司來的人，覺得你們公司很親切、自己倍受重

無論你從事什麼工作 ——
大學教授、律師、司機、工程師、接待人員、
程式設計師……，你每天都必須「銷售」。

視。身為程式設計師，你必須說服同事或客戶接受你的網頁設計，採納你的建議。身為專業經理人，你必須說服團隊通力合作，達成目標。

　　無論你的職稱為何，你每天或多或少在不知不覺中都必須說服別人，讓對方相信你有能力、值得信賴，和你的業務往來不僅可靠，而且將會合作愉快。僅僅藉由你的言談舉止，你每天都對你遇到的「顧客」進行銷售，使他們相信，你（們）會是很好的合作夥伴。

　　你成天都在推銷自己的想法、推銷你們公司，也在推銷自己。

　　接下來，我要和各位分享一下自己的頓悟時刻，就是這個啟發時刻，引領我成為今天的自己。

職涯大轉彎，從大學教授到顧問

　　我在擔任四年大學傳播學教授之後，要應徵第一份非學術領域的工作時，看到了一則求才廣告，在找保險業的顧問。我從來沒當過顧問，而且我對保險業一無所知，只買過車險。

　　我的第一場面試是透過電話 —— 這又是我的另一個「第一次」。在和一位名為蘿拉的女士交談過程

中，我得知這份工作的職銜其實是「銷售管理顧問」。

天啊！我也從來沒有做過銷售。截至目前為止，我應該是被三振出局了。

不過，就「管理」方面來說，我知道自己有能力勝任，也很清楚我相當擅長說服別人做事 —— 在學校、學生和朋友當中，我都是管理者。所以我想，如果可以到公司當面面試，說不定我很有機會。

於是，我這麼做：在電話中說服蘿拉，再打電話來，讓我做第二次面試，而且是當面面試。我知道，如果可以直接和她坦誠交流，就能讓她確信我是可以訓練、願意學習的，而且能夠勝任這份工作。我知道，只要能夠見到面，她就可以看到我的熱忱。

我善用在研究所學到，以及傳授給大學生的所有溝通技巧：我仿照蘿拉的語言與談話模式。我還運用積極聆聽，和她建立交集。

結果，我獲得第二次面試的機會。各位猜最後如何？我應徵上這份工作。

當時我不明白個中道理，但我採用的程序，和最成功的業務專家採取的銷售程序雷同：他們會為交易做功課、擬訂計畫；他們尋找機會，和對方建立信

賴關係；他們敢於開口提出請求，而且在得到答案之後，會跟進行動。

　　我沒有意識到我正在做的事就是這個程序，但蘿拉意識到了。她察覺到我的銷售能力，知道我可以勝任這份工作。她了解一部分我不清楚的自己，看出我的業務本領。蘿拉雇用我之後，幫助我接納自己天生的業務本能，當時我還認為業務是二流工作。

　　事實上，一直到大概六個月之後，我老闆把我從顧問調職為業務，我才有重大的醒悟。我才發現，我用來應徵上這家公司的技巧，跟業務專家每天推銷產品和服務給潛在客戶所採用的策略一樣。

　　這個恍然大悟的時刻，最後讓我寫成了這本書。在電話上，我向蘿拉推銷自己，後來見到面之後，我向蘿拉的老闆推銷自己。儘管我在專業諮詢和銷售工作上沒什麼經驗，但還是說服他相信我有潛力。我體悟到，「銷售」不是只有業務才會做的事，它是所有專業人士都會做的事。

　　每次必須說服別人，將我想要或需要的東西給我時，我就是在「推銷」。無論上班或下班，我成天其實都在「推銷」，只是從來不以「業務」為名。

　　你不也是這樣？隨你想要怎麼稱呼，本質上，我們都是在做業務工作。

　　當我意識到所有人無論職銜為何，幾乎每天都在做業務時，我超級震撼的。舉例來說，三明治專賣店的收銀員說服顧客加點汽水和洋芋片；汽車經銷商的修護技術員說服車主付費保養輪胎、做輪胎換位，以期延長使用壽命；公民協會的會長說服鄰居在美麗的週六早晨進會議室，投票決議一些新規定；廣播脫口秀節目主持人說服聽眾持續收聽、不轉台；大賣場維修服務台的電腦技術人員看重顧客和他們的問題，不會用高傲的口吻應對，顧客下次還是上門採買電子產品。

　　這很像「藍色汽車症候群」（blue car syndrome）：你一旦看到某個東西（或者在這個例子裡，察覺到某件事）之後，就會隨處看到它。就像你買了一輛藍色汽車，突然間，你發現到處都是藍色汽車。

我們每天都在「推銷」，
只是從來不以「業務」為名。

抱歉，不是刻意要賣弄學術用詞，我想我本質上還是個書呆子。

攤開人脈藍圖，擁有最佳表現

所以，可以說，我們現在全都明白一件事了：你是「業務」，每天都要「銷售」，即使從你的名片上看不出來你必須做這些事。

那麼，對於這份「新找到的工作」，你要怎麼做得比現在更好呢？

方法就是：實行本書的每一個步驟。

抱歉，我剛才聽到你發出不贊同的聲音嗎？沒關係，我懂，我以前對於業務工作也是相同感覺。

但是，你可以不用過度抗拒，我在本書要介紹的五步驟銷售公式，保證不會給人太多壓力、令人感覺手法粗俗或不道德，比較像是「施與受」——我可以為你做什麼？你可以為我做什麼？

我的公式會告訴各位，如何用正派、令人感覺良好的方式做業務。這是我的原則，也是我的銷售方式。我不會要求你去做任何事，只會請你做自己，尊重與你合作、共事的人。

當你發現自己面臨了「銷售」的機會時，這五步驟流程就會派上用場。它有點像是一份人脈藍圖，幫助你運用業務專家的技巧獲得轉介、留住顧客、打造良好印象、影響你的主管，或是向別人推銷你自己或你們公司。

無論你是自由工作者、約聘人員、老師或建築工人，我的公式都會派上用場。如果你是員工、主管、經營者或企業主，也會用到它。

對經理人來說，它有助於打造一種新的職場文化，鼓勵非業務領域的員工招攬新的生意，並且針對這些行動給予獎勵。

事實上，只要有工作的人 —— 任何工作 —— 都在「銷售」，或者都應該「銷售」。就算是職稱上沒有「業務」兩字的人，或是寧可失業也不願意做業務的人，每天都應該或可能在做「銷售」。如果不是這樣，他們的工作表現就不是最好的狀態。

本書有兩個主要目標：

1. 說服你相信每一位工作者無論喜歡與否，都在做業務，包括你在內。

2. 教你成功銷售的技巧，即使你的職務並非業務。

在我職涯的早期，當我從大學教授轉職成為顧問、再到專業銷售人員時，真希望有人可以送我這本書。

老實說，我更希望在離開大學校園，接受第一份工作當傳播學教授之前，就有人送我這本書。現在我知道，每當我需要一份表格簽名、出席會議的許可，或是要大學生對作業更用心一點，我就是在向學生、行政人員、其他同僚，甚至辦公室主任「推銷」。

當時的我，並沒有意識到這一點，如果我意識到了，就會做得更多。

如果當時有這本書，就會節省我很多「摸索」的時間。

五步驟黃金公式

本書分成兩個部分。

在第一部，不管你現階段的職稱是什麼，我都要教你學會看出各種明顯或隱藏的機會，幫助你更容易招攬新業務、留住現有顧客，把握機會銷售自己和構想。

我會和各位分享一個祕密，看完之後，你也會同意自己隨時都在銷售，老早就知道如何做業務。

在第二部，我會把整個銷售流程分成五個步驟，

教你如何善用頂尖業務的戰術、訣竅和策略，當你「銷售」自己或公司的機會出現時，就可以運用這些方法。

第一步是：計畫。我們會在這個步驟中，搞清楚你真正的需求，計畫達成的方法。

第二步是：尋找機會進行銷售。

第三步是：與可以幫助你的人建立信任關係。

關鍵第四步是：敢於對自己的需要提出請求。

最後，第五步是：持續追蹤。無論你得到的回覆是 Yes 或 No，都要保持關係，不要太算計付出。

藉由這五個步驟，以及本書分享的各種經驗和心法，我會說服你相信，付出和收穫是成比例的。或許，最重要的是，我會幫助你克服習得性的恐懼限制，讓你敢於開口要，提出你的需求，獲得你應得的。

至於在做業務中，一些令人討厭的元素，我也會一併交代如何處理。我猜，你很可能寧願做一些與業務無關的事，也不願意表現得像個業務。我以前也是這樣，直到我發現一種令人感覺更好、更舒服的銷售方式，過程更透明、注重傾聽、互惠和感謝 —— 這也是我在本書要介紹的。

如果你和大多數的人一樣，不大願意開口提出請

求，甚至不認為自己應得，你應該很少提出請求，甚至是你應得的事物也一樣。

事實是，相較於不開口問的人，敢於詢問顧客、潛在客戶、朋友、同事或其他人的人，做成生意、促成購買或獲得同意的機率，是遠遠更高的。

敢於開口請求工作或加薪的人，比較可能得到。如果你認為自己應該得到更多，沒道理你只能接受別人開的條件。無論是更高的薪水、休假、更好的工作時間、待遇更棒的工作，你都值得獲得更多。

如果你不覺得自己應該得到更多，我希望能夠說服你相信自己真的值得。我會幫助你克服害怕被拒絕的恐懼，這種恐懼也許一直都在阻礙你開口提出請求，爭取自己想要、需要、應該得到的事。

可能你只是不知道該如何開口提出請求，也可能你只是沒想到自己應該或可以提出請求。等你看完這

敢於開口，
你得到 Yes 的機率將遠遠更高。

本書之後，你會知道如何做。

　　你會知道如何善用證實有效的銷售策略，在每一次的互動過程中獲得小贏 —— 有些是企業員工的真實交易。本書分享的銷售公式，能夠幫助你將一次性的握手合作，延伸至未來的長期合作，雙方都覺得公平、互惠，即使彼此生性害羞、缺乏自信，也都感覺舒服、自在。

　　這套公式會讓你的做事方法更高明，不是採取一些令人反感的中古車業務或分時度假別墅銷售代表會用的高壓手法，感覺低俗、強人所難 —— 老實說，就連這些業務，也在逐漸捨棄這樣的手法。

　　這讓我想起以前在每家餐廳、加油站和商店都會看到的標語：「歡迎再度光臨！」每次與人見面，我們也都應該這麼做 —— 邀請他們再度光臨。

　　千萬不要以為你的服務優質，名聲自然就會往外傳開，顧客會一直上門。相反地，你應該持續宣傳、曝光，勇敢開口要求。

第一部

我完全沒有料到會這樣

第1章

所以，你不是做業務的？

　　話說幾年前，我住在美國華盛頓特區。那年夏天，第一個35℃的日子，也是那一季氣溫飆破26℃的第一天。我們經歷了漫長的冬天和異常寒冷的春天，即使到了六月中，我和我先生住的透天厝始終沒有開冷氣。

　　在那個悶熱的日子，當我第一次按開關，想要打開冷氣時，機器一點反應也沒有。

　　幾個小時過去了，屋內熱到令人受不了，於是我打電話求救。

　　來修理的師傅很客氣，很有禮貌，他用我祖母說

的「鞋套」，套住了自己沾滿灰塵的工作靴，這樣就不會在我乾淨的地毯上留下塵土。他很有禮貌地和我交談，在我描述冷氣機的問題時，仔細聆聽。他檢查溫控器，問我哪裡可以找到室外冷凝器，然後爬進閣樓檢查風管。他向我解釋了問題，給了我幾個選項和價格，問我還有沒有其他問題？

我是個健談的人，所以順便向他提及，我的瓦斯暖爐已經漏水了一整個冬天，幸好還沒有停機。我說，我想今年我大概跟家用設備八字不合。

我們約好，他下週來更換冷氣機的馬達，然後他向我提出一個意料之外的請求：他可以看一下我家的暖爐嗎？

我帶他去看了一下機器，讓他看看地板上的水漬。

他仔細檢查了一遍設備，告訴我暖爐為什麼會漏水，以及他可以怎麼解決問題。所以，我們約好，他下週也來修理暖爐。

就這樣，他在離開我家時，接到了兩份價格還不錯的工作，下週要來完成。他做了什麼事？他在檢查冷氣機的時候，看見機會，說服我一併修理暖爐。

這位名叫班的師傅，並不是傳統的業務，他是一

名擁有專業技能的暖通空調技師。多一件暖爐維修的工作，他原本維修空調的服務並不會多一筆佣金，他的工作也不負責幫公司衝業績，而且沒人要求他檢查暖爐。當時是夏天，他到場只是為了解決冷氣機的問題，就這樣。

不過，他還是完成銷售。

班可能也不認為那是在「做業務」，對他來說，他可能只是「順便看一下」，順手幫客戶解決問題，把工作做好做滿。他是個好人，聽到我說有麻煩，剛好知道怎麼解決，於是提出辦法，我也欣然接受。

類似這樣的情況，你想怎麼稱呼都可以，但我認為那就是在「做業務」。

結果如何？公司是贏家，班是贏家，我也是贏家。

不是說你的職稱沒有「業務」兩個字，你就「不能」或「不應該」銷售。

我的忠告是：你應該「銷售」，而且盡量多「銷售」。

每個人都在「銷售」，所有工作基本上都是「業務」工作，公司沒有「業務」的話，我們明天都不用去工作。

銷售＝所有人的事

只要你的工作需要和其他人見面或接觸，就適合向他人推銷額外的產品與服務。對方可能是你的顧客或委託人，也可能是你們總公司的訪客，或是你的鄰居或親朋好友，你們剛好聊到與工作相關的事。

我好像聽到你說：「做業務又不是我的工作。」

是這樣嗎？

無論你是公司總裁或清潔人員，如果你在上班時間要接觸其他人，無論是公眾、同事或任何人，你都有機會銷售。

如果你的穿著很體面、很好相處，善於閒聊，也有興趣傾聽別人的心聲，那麼你很適合做業務。如果你很文靜，甚至很容易害羞，但你是個很好的傾聽者，你也適合做業務。

如果你身上有的技能，可以解決別人的問題，你就能夠做業務。

其實，你一直都在「銷售」。每次你因為工作，留給別人好印象，下次他們需要類似的產品或服務時，更可能會找你們，這就是潛在的銷售機會。

　　那天，在班離開我家之前，我知道下次當我需要同樣的維修服務時，我會打電話到他們公司。事實上，我更確定，我會指名班，要求他來服務。

　　在班第一次步入我家大門之前，我們兩個都沒有預期一定會達成交易。他就這樣做出了一位主顧。而且，他給我的印象實在太好了，有機會我就跟鄰居提起，有些鄰居也因此找他們公司提供服務。

　　時間一久，這會創造很多額外的業績。

　　事實上，你很可能也像這樣在「做業務」——如果沒有的話，以後你可以更留心顧客告訴你的事，從中尋找機會。

　　機會四處都有。舉例來說，你去看孩子的球賽時，遇到其他家長問你在哪裡工作，如果對方需要你們公司提供的服務，很可能就會打電話來找你，尤其你以正面、積極的方式談論工作時更是如此，這也是

> 只要你的工作需要接觸別人，你就有機會銷售。
> 每次你給人留下好印象，你都是在拓展業務。

潛在的銷售機會。

　　相反地，如果你下班後批評自己的公司，別人對你們可能也不會有好印象，這是在阻斷銷售。

　　所以，每次你和老同學見面吃午餐時，要熱情地談論你正在執行的專案，或是主管給你的機會。種下善因，趁機宣揚你有個好老闆，別人日後也許就會推薦你或你們公司，甚至自己上門應徵工作，這就是在「銷售」。

　　每當你和客戶合作時，發現對方好像不大滿意其他人的服務，而你們公司剛好提供類似服務，你就有機會拓展業務。把握機會採取行動，你有很多機會創造銷售。

專業祕訣

這些行為其實都是在做「客戶定位」，把合適的潛在顧客轉介給你們公司真正的業務專家。這麼簡單的舉手之勞，跟你直接為公司帶來財源一樣有利。

當你想要說服董事會批准一項針對公司利害關係人所推行的新教育計畫，或是在廣告比稿時贏得客戶的青睞，或是說服同事在平日值班之外，週六加班，你會使用何種技巧？

銷售技巧。

這些工作都不是附加的，沒有一項你會刻意交給業務專員做，不是自己做。每當你需要向別人推銷某些事物、提出請求、要求改變時，你都在使用業務專家的技巧。

你每天都在「銷售」，但你不會說自己在「做業務」，你會說這是「做好本分工作」。

改變你的思維，掌握最有價值的職場軟實力

現在，你知道你有各種非預期的方式可以進行銷售了。你該學會轉換思維，這樣你才更容易辨識出未來的各種銷售機會。

想想你今天在工作時，說服別人接受了什麼事，對方是誰？你是否成功請同事幫你接電話，午休時間多了半小時做物理治療？你是否說服來電者在線上多等候一些時間，設法解決對方提出的特殊請求？鄰座

的同事成天用電腦播放音樂，你成功讓他降低音量了嗎？還有那個欠款六個月的客戶，你催收到帳款了嗎？

你又是如何做到這些事的？

你用了業務專家的技巧，說服他們接受。

你甚至沒有意識到自己正在「銷售」，但你確實是。

馬丁是我的一個客戶，在主管將他晉升為銷售經理之前，他做核保做了好多年。馬丁來找我提供建議，因為我的工作包括幫助非業務出身的人勝任銷售。

馬丁不斷地告訴我：「我不是業務。」即使他已經成為銷售經理，他還是堅持他是管理職，不是業務。

他管理的銷售團隊，不久業績就超越市場上所有的競爭對手，但馬丁還是拒絕稱呼自己是業務。

我希望說服他接納他內在的那個業務專家。我問他，他覺得主管為什麼會提拔他到這個職位？

他說：「我在這家公司做很久了。」

我說：「不是喔，是因為你說服他。你說服他相信，就算你不是受過訓練的業務專家，還是有能力管理銷售團隊。」

我告訴他：「你可以一直說你不是業務。但你從中階主管調到人資主管，再到銷售主管，你對上面的

人成功銷售自己，才能夠一路向上。」

　　花了好一番功夫，我總算說服馬丁相信，打從十年前他加入公司開始，每天都一直在「銷售」，只是他沒有意識到罷了。

　　想像一下，如果他意識到了，如果他一直有目標，而不是漫無目的，他現在又會更成功多少？

　　馬丁熱中於助人，如今他意識到自己是個出色的業務之後，他可以幫助更多的人。

　　接納你內在的那個業務員，就算這不是你名片上的頭銜，請務必明白你的工作也包括「銷售」。每一次的人際互動就是一筆交易，每一筆交易都是一次銷售。

　　在接下來的章節中，我會教你如何達成銷售，而且完全不用無良業務令人反感的手段。我會適時提醒你，其實你每天都在做業務。

接納你內在的那位業務專家，
把握每一次銷售自己的機會，一路向上。

第 2 章

你會的比你知道的還多

　　你是否曾經：

- 說服 6 歲孩子吃青花菜（或任何綠色蔬菜）？
- 說服鄰居在你去度假時來餵一下貓？
- 說服同事和你換班，好讓你休假？
- 說服老師接受你遲交的作業？

　　你是否曾經：

- 面試得很順利，獲得你應徵的工作？
- 要求加薪獲得同意？
- 雖然在第一次打交道時，搞砸了和客戶或同事的關係，但還是獲得第二次的機會？

- 獲得客戶或同行的推薦？

　　如果這些情況對你來說很常發生，做得好！你都「達成交易」了。

　　事實上，每一次答覆不是Yes就是No的人際互動，都需要你「銷售」某樣東西：你自己、你的點子、某項概念、你的價值、你的能力或你們公司。

　　這件事你已經做過無數次了 —— 你每天都要做上數十次，無論上班或下班時。你很會，只是你不知道而已。

　　我在前言中提到，就算我對做業務、顧問或保險一竅不通，還是說服了一家保險銷售顧問公司雇用我。你也和我一樣，藉由銷售自己，爭取到工作、新業務、獎勵、加薪、讚美、折扣，以及各種機會。

　　所以，別說你不知道如何銷售；你一直都在做這件事。

　　看完上一章之後，你或許開始接納你內在的那個業務員了。我向各位保證一件事：你絕對有能力！

　　我們只是為你一直都在做的事情正名，把它稱為「銷售」，你的反應可以不用太大！

　　你老早就具備重要的溝通技巧，當工作場合需要

你運用銷售技巧時，你絕對可以勝任。不過，比較有趣的一點是，隨著你愈察覺到銷售的力量，你也許就會變得比較沒有意願銷售。

我的好友卡琳娜是寫作教授，跟我說過一個成人學生的故事，她說「她底子很差」——她經常說這句話。

這是卡琳娜說的，不是我。

她的這個學生會寫出文法錯誤連篇的奇怪構句，字詞位置亂放一通，導致文句經常語意不通。她的文章令人感覺她教育程度不佳，卡琳娜甚至懷疑，她到底是怎麼通過大學入學考試的？她高中的英文課是怎麼過關的？

其實，這個學生的挫折感，比卡琳娜的還大。

她請求和卡琳娜私下會面，討論她的課業表現。卡琳娜準備好要提供輔導、額外的作業，讓這個學生多加練習，幫助她寫作進步。

不過，會面的過程，出乎卡琳娜的預料。

這個學生和卡琳娜談話時，文法很正確，句子結構很好，用字精準，思緒周到。

卡琳娜簡直不敢相信，眼前這個人的文章居然會狗屁不通。

　　卡琳娜告訴她，如果她用說話的方式寫文章，她每次的作業都會得到「A」。卡琳娜問她：「妳為什麼不這麼做？」

　　這個學生直覺知道如何用口語表達自己，不過一旦要用文法來拆解句構，句子必須按照「主詞－動詞－受詞」的順序，或是她必須遵守規定字數，不能在第一段寫出特定細節，還有其他沒完沒了的規則……，她便開始相信自己根本就不會寫作文。

　　當她試圖遵守各種規則時，她的直覺就會被拋諸腦後。規則和詞類讓她不知所措，導致她寫不出通順、正確的句子。

　　她實在太害怕寫作犯錯了，結果完全寫不好，而類似的情況也會發生在「銷售」上。

你是天生超業，直到……

　　事實上，我們絕大多數的人從很小的時候，就知道如何得到自己想要的東西──最起碼知道如何嘗試去要。孩子們一直在「算計」父母，設法取得自己想要的玩具、手機和衣服，或是去想去的地方玩。他們對自己想要的東西大膽提出請求，不僅學會巴結大

人，還懂得如何對父母採取合縱連橫。

　　從前從前，你也知道怎麼做這些事。曾幾何時，有人開始告訴你不要這麼做，「不可以」這麼放肆要求自己想要的東西，「不應該」趁機要求別人。或是，有人直接跟你說「不」，於是你開始變得膽怯、害羞、小心翼翼，不再提出請求。

　　大概也是在差不多的時期，你開始學會妥協，勉強接受現有的條件，而不是勇敢開口要自己應得的事物。你開始妥協，接受現況，而不是勇於追求你想要的事物。

　　現在，你不大願意開口要求加薪。你謙虛到不屑自我誇耀來爭取升遷。你擔心，萬一你開口向客戶要更多生意，他們會拒絕，所以你乾脆不問。你和夠多的業務打過交道，所以你不想造成別人的不舒服，像你遇過的汽車業務或百貨櫃姐給你的推銷壓力。

　　如今，你不敢開口要。問題是，如果你不開口，基本上你不會得到。

　　你不想得到自己希求的東西嗎？你不想要你應得的事物？你不想要那些會讓你快樂、成功、自豪的事物？

　　你應該要的。好消息是：那個大膽的孩子，還在

你的內心某處。我希望能夠幫助你恢復膽量，掌握各種機會「銷售」，就像在別人要你收斂之前，你會的那樣。

事實上，沒有意識到自己正在銷售的非正式業務員，通常都做得很不錯。一旦明白自己正在做什麼之後，他們反而就畏縮了起來。

這種「銷售」的看法，確實可能嚇壞不少人。除非你大學主修行銷，或是工作經常需要參加一大堆業務研討會，否則你可能沒學過銷售的技巧。

但這不代表你不會「銷售」——其實你會，這只代表你「還沒」根據黃金公式、最佳實務或特定流程進行銷售。

就像某人是天生歌姬，但從未上過歌唱課程，她還是知道怎麼把歌唱好。沒有人稱呼她是音樂家，並

> 你天生就是個銷售高手，直到你學會只會妥協。
> 勇敢開口要，
> 爭取讓你快樂、成功、自豪的事物。

不代表她的歌聲就不像天籟。

有了這項新的認知，是否會讓你的行事有所不同？你會因此害怕嘗試銷售嗎（但你原先一直都這麼做），現在卻擔心自己做錯？你害怕聽到 No 嗎？或者，你只是不想讓人覺得不舒服？

通通都沒問題，現在請你深吸一口氣。你只是繼續做你一直都在做的事，但現在要多做一點，而且帶著目標去做，有目的。

喚醒你內在那個勇敢的小孩 —— 那個大膽的天生超業，那個總是勇敢開口要的人。

你在工作上做到這些事了嗎？

善用業務專家的技巧，每天在工作上或下班後，得到你想要、需要與應得的事物，你會更可能獲得這一切。下列這些銷售技巧，你可能經常在工作上運用，只是沒有意識到：

- 給人留下很好的印象，因此獲得轉介。
- 和外部合作夥伴愉快共事，對方問你是否可以再一起合作。
- 遞名片給你覺得可能會從你們公司提供的服務中受

益的人，並且邀請對方有空打電話來詢問。

- 請剛認識的人喝咖啡或吃午餐，看看有沒有合作機會。
- 根據你的工作表現，主張自己為何應該獲得加薪或升遷。
- 直接問對方是否願意和你或你們公司合作。
- 請人推薦你或你負責的業務。
- 在社群媒體上張貼你在專業領域上的里程碑、你完成的專案或文章，或是你或你們公司引以為傲的時刻。
- 除了會議和指定任務之外，多做了一些事，因為你發現客戶需要更多資訊或服務。
- 和結案客戶持續保持聯絡。

　　其實，你一直都在「銷售」，在你把工作做好的時候。現在你了解到這一點，做事就會更有目的。

專業祕訣

如果你是主管，可以利用這本書的流程，打造一種職場文化，鼓勵非業務部門的員工帶進新生意，並且給予獎勵。

第 3 章

順便問一下

　　如果你買過房子，可能曾經注意到，在過戶交屋的桌旁，不是只有你的房地產經紀人在做銷售。

　　到了必須簽名的時候，你和一群人坐在一張大會議桌旁。這些人包括房地產經紀人、律師、代書，也許銀行的房貸專員也在現場，屋主可能也在現場。

　　你的房地產經紀人可能認識在座所有人，但其餘人士可能都是第一次見面。

　　假設這次過戶交屋很順利，每個人都簽了很多文件，沒有任何意外或延遲。在會議結束後，大家握握手，甚至來幾個擁抱，順便再拍張自拍照上傳社群媒

體，然後開心散會。

等等，他們跳過一個步驟了。

這些與會者都忘了一件重要的工作，每個人都錯失了一個明顯的機會 —— 向其他人提出日後做生意的機會。

為什麼不問問有沒有機會再一起成交？為什麼不問問有沒有機會轉介生意？為什麼不問問買賣雙方，有機會的話，是否願意推薦在座的人給他們的親朋好友，下次買屋或賣屋時，別忘了這些人？為什麼不找個機會約一下這些新認識的合作夥伴，討論看看之後有沒有更多的合作機會？

每次過戶交屋都需要律師、放款方、產權專家和房地經紀人這樣的組合，何不利用這個千載難逢的機會，為各人所屬的公司增添更多生意呢？

猜猜看為什麼不？因為除了房地產經紀人之外，其他人可能都沒有想到。房地產經紀人是專業銷售人員，但其他人不是。

他們真的不是嗎？

是的，他們也是「業務」。出現在桌旁的每一個人，都有東西要「銷售」。所有工作都是業務工作，

無論你的職稱是什麼。

這些就你的「職務」而言不必正式去做、但你看見機會的銷售，我統稱為「順便問一下」的銷售。

上一章說過的冷氣維修師傅班，就是「順便問一下」的銷售高手。他遇到客戶叫修，都會仔細聆聽他們說話，當他們隨口提及各種問題時，他留心注意，儘管那可能不是他當日預定的工作。他主動提議解決問題，幫助公司創造營收。

而且，在離開客戶住家之前，他會記得詢問：「在我離開之前，還有什麼我可以幫忙的嗎？」

反面案例

安傑羅則是剛好相反，他是我見過最有才華的房屋裝修專家之一。他總是忽略一些很明顯的銷售機會，把公司可以賺到的錢財拒絕在外。

就像令人傻眼的餐廳女服務生，你向她要一支乾淨的叉子，她會說：「這一桌不是我負責的喔。」只要不是開工前協議好的工作事項，安傑羅一概婉拒。

舉例來說，他幫我認識的一對夫妻蓋露台，他們真的很喜歡他的作工。當他在後院挖溝渠、鋪路石、

做擋土牆時，屋主太太問他，是否願意在完工之前，幫忙更換他們後廊生鏽的欄杆？

他說：「沒辦法」，因為這不是他們協議好的工作。他抱怨，客戶老是要「增加」他的工作。他暗示，屋主太太想讓他額外做白工，但她不是。她很清楚自己要多付工錢和材料費，她很樂意支付。

換作是班，我想他會說：「好呀！換欄杆差不多要兩百美元」，這裡只是隨便舉個例。他肯定會完成那筆交易 —— 還有其他許許多多筆交易。相反地，安傑羅會直接謝絕那筆錢財，讓屋主太太留下壞印象，她原本很有機會推薦他給別人。

但是，因為安傑羅說「沒辦法」，她從來沒有那麼做。

在第二部，你會學到任何「銷售」的關鍵，就是聆聽。良好聆聽的關鍵，就是在不預設立場的情況下，聆聽別人的問題和請求。優秀的非正式業務，甚至是真正的業務專家，在聽到問題和請求時，會提出可能的辦法和資訊，例如大概要花多少錢等。

為什麼要拒絕賺兩百美元的機會，尤其這還是一個意外的好機會？不是所有銷售都是正式、有計畫

請求的結果，尤其對職務非正式業務的人來說更是如此，有些機會就像莫名其妙冒出來的一樣 —— 從天而降，自己找上門。

面對這些「意外」，你可以選擇好好把握機會、視而不見，或是直接拒絕。我想，如果你像大多數的人一樣聰明，應該就知道，只要好好把握這些意外的機會，你會幫助自己和公司成就愈多。

如果你是（或可以成為）這樣的好幫手，你老闆肯定很愛你。

銷售機會出現在任何時候 —— 閒聊時、認識新朋友之後，或是當你正忙於一項專案，壓根兒沒時間想其他事時。

銷售機會經常是突如其來的，自己出現。

訓練自己用心聆聽各種銷售機會，關注問題，持

銷售機會出現在任何時刻，
訓練自己用心聆聽、注意問題，
主動提供可能的辦法和有用的資訊。

續追蹤，並且有能力迅速針對問題，提供可能的解方和實用的資訊。

主動提議，你可能會開啟意想不到的機會

我朋友安潔莉克去做例行性的皮膚檢查，遇到的皮膚科醫師就是這樣。

看診時，安潔莉克問醫師，有沒有方法可以去除她臉上的一片曬斑？醫師告訴她冷凍治療，這種療法可以剝除皮膚表皮，促進細胞新生，而且建議她當下就可以做。安潔莉克興奮地指出身上十幾個想要去除的斑點，醫師欣然接受一起治療。

這種治療保險沒有給付，安潔莉克要自費，但她很樂意付費。一年前，她也問過另一位皮膚科醫師關於曬斑的問題，對方只告訴她：「我不提供任何曬斑的治療。」

這位新的皮膚科醫師，向安潔莉克做了一次「順便問一下」的銷售，而安潔莉克肯定會告訴她的朋友這種療法。

我認識的另一個朋友莎拉從事公關工作，公司指派她為一家新開張的寵物美容坊撰寫文案，並且拍攝

宣傳影片。店東是一對年輕夫妻，自從他們在該縣開了第一家寵物美容坊以來，就收到許多索取資料和媒體採訪的要求。

這對夫妻決定，由妻子擔任發言人，負責接受記者採訪。但莎拉在拍攝宣傳影片時，發現老闆娘非常害怕面對鏡頭。

莎拉提議：「藉著這次機會，我剛好可以教妳克服這件事。我可以幫妳訓練一下怎麼看鏡頭、在鏡頭前面要如何表現，還有接受採訪時的重點。」

莎拉被分配到的任務就是速戰速決，再轉戰下一項工作。這件合作算是一次性的，但她主動提供額外的服務，莎拉的公司當然會額外收費，而老闆娘同意了。

結果，這家寵物美容坊變成莎拉他們公司的老客戶，不只合作一次。

在那次碰面之前，莎拉認為自己只是文案寫手和攝影師。碰面之後，她證明了自己也是業務和顧問！

我們都應該，也可以這麼做 —— 當機會出現時就銷售。莎拉不假思索就做了銷售；事實上，當她主動向客戶提出幫忙時，她想的不是幫公司賺錢，只是發現自己可以幫忙解決老闆娘的問題。她發現自己

可以協助客戶，做了業務專家所謂的「顧問式銷售」
（consultative sales）。

專業祕訣

「顧問式銷售」在於發現別人的需求，針對他人
的需求，主動提供解決方案，幫助他們。

事實上，「銷售」未必總是牽涉到金錢或商品。

你擁有什麼，或者你的工作或專業是什麼，可能
為其他人解決問題？

把握平時互動的機會，創造意外銷售

　　「順便問一下」的銷售機會，經常只發生在回應某
種個別情況時。比方說，皮膚科醫師並不知道安潔莉
克會在例行性檢查時問她曬斑的問題，莎拉也沒想到
寵物美容坊的老闆娘會需要上鏡指導。

　　但他們注意到問題，並且提出可行方案。他們聆
聽，聽到問題，然後提出可行方案，結果成交。

　　你也可以訓練自己注意機會；你要知道，每一天

你都有不少機會。習慣開口、主動提議，而且是愈快愈好。

簡單來說，你要隨時保持一種心態：每當機會出現時，你要敢於開口，並且大方提供協助。留意各種機會，這樣你就比較不會錯失機會。

當然，你也可以為自己創造這種「順便問一下」的銷售機會。你可以藉由計畫，置身於機會可能出現的場合或情境，創造「意外」銷售，下列是一些常見的例子。

- **如果你的工作需要演講，會後可與聽眾做一對一問答**。專業講者經常受邀到各處演講、為專案提供諮詢服務與撰寫文章。

- **接受活動邀約**。與同事多往來，可以幫助你了解同事的需求。若是你能夠主動針對他們的問題提供解方，同事可能也會「禮尚往來」。和你同領域、但在其他組織工作的專業人士來往，能夠讓你擁有同樣的機會，提供公司的服務給潛在的新客戶。

- **擔任你所在社群的志工**。這不僅是理想的回饋方式，你也可以自然地藉由聊天，向人介紹自己、你（們）提供的服務與你們公司。

- **參加孩子的球賽和學校活動時，趁機和其他家長閒聊起工作。**你永遠不知道何時可能會有人向你徵詢專業建議，最後還要求見你們公司的人。

- **向別人介紹你的工作內容。**無論對方是你的朋友、點頭之交，還是在星巴克排隊在你後面的人，有機會的話，不妨向他們介紹你的工作內容。你或你們公司擁有的專業，有可能是某人需要卻不知從何找起的。

- **結束任何與工作相關的對話之前，請對方有機會的話，可以向同事和朋友介紹一下你和你們公司。**絕大多數的人其實都樂意這麼做，但如果你不說的話，他們可能沒有想到。

- **在一項工作結束時，順便問問下次的機會。**也許是：「順便問一下，下個月我有一些空檔，需要幫忙嗎？」

- **請別人轉介人脈。**我的鄰居告訴我，她就是透過朋友找到很棒的家事服務人員的。這位家事服務人員頭一次到我鄰居家工作時，就問：「妳還知道其他鄰居在找清潔服務人員的嗎？」我鄰居說有，於是她便向她要了可以聯絡到他們的email和姓名。

- **列出你的需求清單。**無論是被引介給你期盼就職的新公司執行長認識、某位作者的email，或是一份要到下週才會對外公布的報導……，你都要有擬定需求清單的習慣，因為你永遠不知道何時它會派上用場。

　　如果你知道自己想要什麼，並且時常記在心上，當「順便問一下」的機會出現時，你自然就會問。

第二部

麥高文博士的
黃金銷售五步驟

第4章

步驟 ① ：計畫

在我的五步驟流程中，首先最重要的就是擬訂計畫。

我知道你可能會問什麼，所以我先回答一下你的問題：為什麼要花時間計畫執行一些你沒有預期要做，或是不在你的職務報酬範圍內，或是你沒有被訓練要做的工作？甚至可能是你根本不想做的工作？

因為所有工作都是業務工作，你的也是。

你每天都在「銷售」，即使你不是這麼認為或稱呼，你還是經常「銷售」。你需要協商事務；你必須說服別人，讓他們同意你或採取行動。你需要別人幫忙；你提出各種點子，希望別人採納。每一天，這些

事情都自然發生，你甚至可能沒有意識到自己在做這些事。有時，你碰巧完成「銷售」——畢竟，會發生的就會發生。

你沒有計畫，就會做業務了，而且還做得很不錯。想像一下，如果你有良好的計畫，你的工作能力可以再變得多麼強大？

如果你事先計畫，你可以再完成多少「銷售」？如果你事先計畫，「眼觀四處，耳聽八方」，你有多少機會可以提升你或你們公司的聲譽？如果你事先計畫好要怎麼開口爭取工作、加薪或專案，當機會從天而降時，你不就更明確知道該說什麼？

如果你可以事先計畫，當適當的時機出現，你可以爭取自己真正想要的東西時，你在職場上的表現就會更加成功。即使你的非正式例行性「銷售」，是在偶然、隨意的機會中完成的，但銷售成功真的從來都不是一場即興演出。

就算你的事業發展已經超級成功了，擁有計畫，你會更加成功。

我們其實都會計畫，但在某種程度上，只是為了做事情有條理而已。我們會列出待辦事項清單、把事

情記在行事曆上、提前做好預約、安排會議和差旅時間、暫定午餐約會時間……，我們每天都在釐清如何安排時間，以便把工作做好。

這些都不是意外發生的，就算你不是每天或每週擬訂一份正式計畫，你的腦裡也會記得大部分的行程和待辦事項。如果不是這樣，你每天成就的事大概不多。

根據我的經驗，計畫是成功的關鍵。計畫是幫助你搞定事情的關鍵，能夠幫助你成功開始、成功結束，不僅感覺起來、更是真正做事更有效率。計畫，也是「銷售」成功的關鍵。

如果你的職涯發展得很成功，很可能是因為你一直都有計畫。比方說，你可能採取必要步驟在早上醒來（設定鬧鐘）、準時上班（早上8點前離家）、迅速完成要交的報告（在辦公室「閉關」趕工）、午餐吃得健康（前一晚準備的便當），然後準時到托兒所接小孩（車子提前加好油）。

習慣遲到、經常錯過截止日期、忘記會面時間、行程總是爆量超載、經常熬夜趕工的人，都是計畫能力較差的人。

在展開每一天之前，我都知道當天要做什麼，直

到就寢。

　　有計畫的人往往睡得比較好，很少睡到半夜突然驚醒，擔心自己忘了做某件事，擔心時間到了做不完，擔心隔天不知道要對客戶簡報什麼，或是因為忘記付款，和供應商起了糾紛。

　　這就是我追求的。我盡力讓事情有條理，寫下來，列入行程中──沒錯，我就是這樣的女人。

　　計畫幫助我完成更多事情，讓我保持在正軌上，每天都能完成工作，不會留下未竟事項。它讓我有機會擁有美好的家庭和社交生活，幫助我賺進更多財富，使我感覺是我在主宰每一天，不是任由每一天主宰我。

　　計畫確實要花時間，但這是銷售成功最重要的環節之一。

習慣遲到、經常錯過截止日期、忘記會面時間、
行程總是爆量超載、經常熬夜趕工的人，
都是計畫能力較差的人。

即使我是顧問，每天還是要銷售、銷售、銷售，所以我會計畫。事實上，我的名片上印了「業務界第一夫人」。

當遇到潛在的新客戶時，我會「銷售」，說明我們公司提供的服務如何為對方公司解決問題。

在對委託公司的員工指導成功銷售的策略時，我也會「銷售」。我必須說服他們，不但要採信我的五步驟銷售流程，還要實際行動。

打電話給客戶時，我也會「銷售」。我可能得建議對方，讓我當週諮商的時間多幾個小時，這樣我才有時間額外輔導一名達不到業績的員工。

必須加班時，我也會「銷售」。我得說服助理再留兩個小時幫我。

我知道，我必須持續「銷售」，不只為了帶進新客戶，維持事業發展，也讓我們能夠保持在正軌上，妥善照顧到每一位客戶，為每一位客戶付出充分時間。

各位覺得，我全然靠運氣嗎？當然不是。

我了解自己是公司的業務代表，所以我準備好每天進行「銷售」，就連不預期的「銷售」—— 我在做某件事時突然冒出來的機會 —— 我也做好準備。

　　沒有計畫，我「銷售」成功的次數就會大幅減少。如果你有計畫，「銷售」成功的機率就會大幅提高。

　　接下來，本章的內容會分成三個小節，幫助你欣然扮演好你們公司「非正式業務」的角色。

　　首先，我要和各位分享在「銷售」時，令人感覺真誠、有道德、自然的方式，很重要。

　　再者，我會提供一些建議，告訴各位計畫的價值 —— 無論是為了長期目標，或是當日的工作。

　　最後，我要討論為什麼在職場上打造銷售文化 —— 鼓勵所有員工帶進新的業務，並且針對他們的行為給予獎勵，對管理者和企業主來說這麼重要（無論你們從事什麼行業。）

　　在這本書，你不會只在這一章讀到與計畫相關的內容，因為它對各行各業的所有人來說，實在是太重要了！我會把它融入後續每一章的每個步驟中。

　　如果你能夠有效計畫，你絕對能夠「成功銷售」。我們趕快開始吧！

真誠：從內心出發，提供對方有價值的協助

　　沒有人喜歡被推銷，但人人都喜歡買東西；我們

都一樣。

　　事實上，沒有選擇「業務」當工作的人，都不大喜歡銷售。

　　好消息是，不經意的銷售機會對買賣雙方而言，也可以是很好的體驗，雙方的互動或許可以十分良好。

　　「銷售」這件事，不該讓你覺得自己不入流、低人一等，或是讓對方覺得自己遭到利用、被騙。一流的做法甚至不該絲毫令人有被推銷的感覺，不該感覺像是在做買賣。

　　事實上，「銷售」只是兩個人在互動之間的「交易」，跟你安排和同事一起吃午餐沒有太大的差異──你們商議時間，決定地點和餐廳，決定是否邀請其他人，決定由誰出錢，決定在忙碌的一天中，雙方可以撥出多少時間用餐。你在行事曆上記下日期，當天早上再聯繫一次，你安排好會合地點，以及要走

一流的業務，不該絲毫令人有被推銷的感覺，不該感覺像是在做買賣。

路或搭優步（Uber）到餐廳。

　　類似這樣的過程，你都是在嘗試「完成一筆交易」。你明天中午想去街尾的墨西哥區，因為你正在尋找舉辦員工退休惜別會的大型場地。考量到這是你的探勘行程，所以這一餐由你出錢似乎很合理。你只有一個半小時的空檔吃午餐，用餐的來回路程你想要步行，這樣可以透透氣，稍微運動一下。早上你傳了一則簡訊給同事，提議在大廳會合。

　　結果，你們的約定和你希望的差不多，但你同事只有一個小時可以用餐，而且要12點15分才能離開辦公室，所以你要稍微遷就一下。

　　成交。

　　等一下。成交？

　　沒錯，這是一筆「交易」——雙方都有求於對方，你必須稍微讓步，但你們都得到所求。

　　這筆「交易」公平、可變通、輕鬆又成功，而你每天都在做類似的事。

　　你其實可以更常做，代表你們公司「銷售」，為了你自己「銷售」。

　　你可以有計畫地「銷售」。

假設你們步行到那家墨西哥餐廳，你發現那裡的酒吧是舉辦惜別會的理想場地，只要老闆願意讓你們在當月下旬一個平常日的晚上包場幾個小時。

午餐後，你和同事去找餐廳經理，詢問對方是否可行？對方說，會和老闆商量，所以你們交換了名片。

在餐廳老闆打電話來之前，你做了一些計畫。你去請教財務部，得知這場聚會的預算是2,000美元，包含場地和餐點費用。你問這位即將退休的同事喜不喜歡墨西哥菜，更要確定自己的時間有空。

餐廳老闆之後來電了。他說，只要你們同意聚會兩小時的餐飲低消至少2,000美元，他很樂意讓你們包場。你說，如果只有雞尾酒，這個價格可能太高了，這個低消是否可以包含玉米片、莎莎醬和墨西哥薄餅之類的簡單食物？

你訂了日期和時間，老闆說「好」，你也說「好」。結果，他在生意清淡的週二晚上接到生意，你找到舉辦惜別會的絕佳場地。

成交。

聽起來一點都不可怕，對吧？所以，其他類型的「銷售」，有什麼好令人排斥的呢？

　　為惜別會預訂餐廳，和請人推薦你或你們公司，本質上並沒有太大的差異。它和你向固定合作的客戶介紹公司有其他服務，或許可以提供他們協助，問對方是否想要了解一下，也沒有太大的差異。它和你向星巴克排隊認識的人順便提及，你們公司最近剛好有公益曬書節的活動，因為對方告訴你他喜歡舊書，也沒什麼太大的差異。

　　有太多人認為，做業務就是強迫對方購買他們不想要、不需要，甚至負擔不起的東西。

　　我不會這樣做，但我一直都能夠說服別人。我不想要你做這種事，永遠都不想。

　　對我來說，做業務是提供你相信對方可能會有興趣、對對方有價值或實用的事物。做業務是有禮貌地

做業務，是提供對方可能會有興趣、對對方有價值或實用的事物。不催促、不強迫、不欺騙、不愚弄、不說謊、不勒索，把事情做得漂亮、有格調。

請求一個人向你買東西、與你交易，或是提供你一些東西，交換諸如簡單一句「謝謝」、暖心的感覺，或是相互回饋。

我照自己的原則做業務，從來不會催促、強迫、欺騙、愚弄、說謊或勒索別人。

我不是這種人，這不是我的作風，也和我認為的道德、公平相反。

我會聆聽、觀察，留意別人是否可能需要或想要我可以提供的東西。關於產品和服務，我只說我知道的事，不會說得天花亂墜。如果我提出請求，例如要求推薦，我會說明為何自己值得被推薦，如果推薦人的朋友或同事真的雇用我，我絕對會盡力把工作做好，來答謝推薦人。對於我自己的需求，我會坦率地開口直接問。

但是，在任何行動之前，我都會先計畫。

我會再看一下我提出的這五個步驟：第一步，當然就是擬訂計畫；第二步是尋找機會；第三步是建立信任關係，用心聆聽、評估情況；第四步是提出請求；第五步是做好後續追蹤。

我會再看一下，這樣才不會忘了做某些事。畢

竟，如果事情的發展和自己設想的不一樣，當下很容易發慌。

有計畫的話，不管發生什麼事，你都比較不會慌張失序。

當出乎意料的機會找上門時，你很容易詞不達意。

有了計畫，你會事先想好，一旦機會來了你要說什麼話。

要開口詢問合作機會、請人幫忙、請人推薦或要求升遷，都很容易令人臨陣退縮。

如果事先計畫，你對這種關鍵時刻，早已演練不下數十次了。

當你希望答案是Yes，但是得到的答案是No時，你很容易覺得難堪。

有了計畫，無論答案為何，你都已經準備好保持豁達與感恩。你準備好面對答案，無論Yes或No。

想排除對任何「交易」的恐懼，先做好計畫，一定能夠大有幫助。計畫能夠幫助你在交易過程中，仍然能夠「做自己」。

向人提出請求，在不確定答覆是Yes或No的時候，總有風險。萬一答覆是No，你有可能會覺得自己

遭到否定。事先計畫，可以讓請求承受的風險降低，還可以確保你在進行「銷售」的時候，仍然能夠保有真我。

我的客戶安娜，是德州一家大型企業的業務。她相當熱心助人，喜歡做業務，因為她知道藉由提供合適的服務與產品，解決別人的問題，讓他們工作起來更輕鬆，她是在幫助別人。

但是，她對「銷售」這件事的觀感很差。她認為，很多業務都是比較低俗、不老實的。認識的人、甚至親朋好友，也不斷地令她感覺難堪，認為她怎麼會選擇從事這種習慣採取高壓手段、不顧別人真正福祉的工作？

因此，她告訴我，面對她要「銷售」的對象，她覺得自己「低人一等」。要做他們的生意，她感覺自己必須低聲下氣，甚至不認為她的請求值得 Yes 的答覆。

所以，她的每一筆交易，都要另外「給點甜頭」，比方說，免費贈送體育賽事的入場券等。但這種做法讓她感覺更糟，她覺得自己好像在賄賂別人來和她做生意。

我建議她嘗試我的五步驟方法一個月。我鼓勵她

認同自己為客戶創造的價值，認同自己值得成功做好銷售工作。我勸她，要改變對「業務」的觀念。

我提醒她，其實那種傳統、老套的業務反而比較少，她肯定不會是其中之一。

我指導她保有真我。與人互動要令人感覺彼此好像認識已久，要能夠關心別人的需求，只銷售別人需要、想要的，不要再靠籃球賽門票來「收買」交易。

安娜的第一步是擬訂計畫。我請她認清，她的人生和事業真正想要達成什麼？她說了一直掛在嘴邊的話，因為她真心這樣認為：「我想要幫助別人。」

我請她細想，做業務是不是她幫助別人的一種方式？她看了自己正在銷售的服務，得出結論：是的。

然後，我引導她評估她目前的銷售方法，是否如實反映出她的價值觀和個性？這次，她的答案是否定的。

她開始計畫改變。她停止為了業績低聲下氣，不再仿效這種做法。她改變她的「銷售」方式，調整成更符合她的個性。她開始把做業務看成是一種服務，不是一件工作。她的改變幾乎是立即性的。

安娜是個率真的人，她其實跟我說過：「我終於覺得不必再為了業績『拉客』了。」

現在，她會說：「我覺得我真的在幫助別人，我和他們是平起平坐的。」

她似乎了解，她值得獲得幸福與成功。她知道自己正在提供人們需要、想要的實用服務。

而且她有一份計畫，每次在業務拜訪之前，都會先看一下。這份計畫大致上包括她要如何接觸對方、問他們哪些問題、提供什麼服務給他們、如何開口請求業務往來，以及如何判斷她銷售的東西是否真正幫助到她希望銷售的對象。

總之，事先計畫幫助安娜在業務拜訪時自在做自己。這聽起來好像違反直覺，對吧？但事先計畫幫助她在面對客戶時更真誠 —— 也更成功。

事先計畫，一旦機會來了，
你就比較知道該怎麼說。
無論對方的答覆是 Yes 或 No，
你也比較能夠保持豁達與感恩。

5個關鍵問題，幫助你做好各種計畫

此刻，你可能會覺得自己沒時間為每次的「銷售」擬訂計畫。但事先計畫能夠幫助你聚焦，有助於你不脫稿演出，時刻記得自己的目標。

計畫讓你有機會好好思考需要做什麼才會成功，無論那是關乎一輩子的交易，或者你那天只是想問水電師傅，要不要考慮請你們公司作帳。

在你做任何計畫時，請你先思考回答下列這五個重要的問題。

1. 你想要什麼？

如果你不知道自己的目標，你無法有效擬訂計畫。

如果你不知道自己想要什麼，當然就不大可能得到。計畫讓你有機會釐清這點，請誠實面對自己。

知道自己想要什麼，能夠幫助你釐清必須做哪些事，才能夠得到。它會幫你認清哪些人可以幫助你實現目標，引領你採取必要的行動，以達成目標。

計畫可大可小，但總是「以終為始」——你的目標是什麼？你想要的結果是什麼？你想要達到什麼樣

的境界？你的下一步如何盤算？

　　長期的計畫，有助於你規劃事業方向。假設你是律師，希望最後成為事務所的合夥人，你的計畫幫助你了解何時該做「銷售」，讓你離高層主管的位置更近一點。它是一份生涯藍圖，指引你何時要換工作、何時該出線角逐、如何與公司決策者討論這個話題，以及如果盡力之後，他們沒有幫你達成目標，你何時要跳到另一家公司。

　　另一方面，針對特定任務的小計畫，能夠幫助你準備好達成現在就想完成的「交易」，無論是應徵工作、要求加薪、找到人和你換班、說服你的團隊週末加班、激勵同事工作更有效率等。

　　我的朋友卡拉，是一家大型職業發展公司的公關總監，當公司需要員工學習工作相關技能時，就會雇用她們公司，而她的工作包括幫公司的新課程獲得足

以終為始，擬定計畫。你的目標是什麼？你想要你的事業和人生，達到什麼樣的成就？

夠的媒體曝光。

　　課程研發部的總監，負責引進各種先進的專業技能，正計畫為房地產仲介、建築師、新聞工作者，以及其他有興趣的專業人士，推出一套無人機駕駛訓練的課程。

　　課程研發部總監仔細向卡拉說明這套課程的所有相關訊息。他很興奮，因為當地其他訓練公司並沒有類似課程。他希望舉辦課程發布會，熱鬧地向公司員工和客戶介紹這套課程，所以他向卡拉詳細介紹課程，她就可以開始準備文宣。

　　卡拉對這套課程也很興奮，她向同事介紹這套課程，請他們幫忙準備新聞稿、文宣、社群媒體貼文，要在課程發布會當日同步發出。

　　在活動的前兩週，卡拉團隊先發動了一波宣傳攻勢，對課程發布會和新課程製造一些話題。他們對自己努力的成果感到驕傲。

　　但課程研發部總監卻大發雷霆，因為他不希望在發布會之前披露任何文宣。他想要親自在發布會上宣布這套課程，給所有人驚喜。他覺得發布會之前的宣傳攻勢，搶走他的風采了。

卡拉不知道該怎麼辦才好。畢竟，是這位總監請她製作文宣，但是他並沒有交代必須等到發布會之後才能發出。卡拉的觀念是，事先讓大家知道課程發布會，通常會吸引愈多人參加。

但她還是為這個誤解表達歉意 —— 它確實是個誤解 —— 不過課程研發部總監不接受她的道歉。他指責卡拉不忠、不專業，卡拉認為不公正。結果，他開始在背後說她八卦，說她沒有團隊精神，把公司的公關工作管理得很差。

卡拉希望他就此打住 —— 但這件事似乎很難成功。

於是，她擬了一份計畫，概要列出她打算如何「接觸」這名總監。他不接她的電話，也不回她的email，所以她決定直接去找他的助理，透過助理預約見面時間。

她認真想了一下自己需要什麼樣的協助 —— 是否需要一位調解人？於是，她去找她的上司，也就是公司副總，向他說明事情的始末，以及她期望達到的目標。

她列出幾個他想跟主管討論的重點，而且刻意避開會讓課程研發部總監防備的事。她想好好說明自己的觀點，請他停止在公司到處亂說她的壞話。

　　至於課程研發部總監可能會提出的指責和異議，卡拉同樣列了一份清單，準備好回應。如果不這樣做好準備的話，她擔心，在會面過程中她會不小心發飆，或是講話變得很防衛——這是她不希望發生的。

　　她在公司共用的行事曆上，看這位總監的行程，挑了一個他不會忙著準備出差或重要會議的時間。

　　此外，她還有一項B計畫：萬一這次會面破局，她會向人資部投訴。

　　還好，最後沒有走到這一步，兩人達成雙方都可以接受的協定。卡拉相當明智，擬訂了一份計畫。即使只是針對單次的互動或交易擬定計畫，你的成功機率都可能大增。

2. 誰可以幫你？

　　當你嘗試「銷售」時，最浪費時間的事，就是問

> 找到有權決定的人，
> 在適當時機拜訪對方。

錯人。

　　當你計畫「銷售」，請先找出有權作決策的人。如果你超過店鋪規定的時間才去退一套西裝，花大把的時間和店員爭論實在沒有意義，你要找店經理，他有權可以凌駕公司政策，同意折中做法，例如不是讓你退款，而是讓你換貨或發禮券。

　　找出誰有權可以回應你的請求，計畫接觸對方的最佳方式。如果回應你的提議需要一點時間，早上就去拜訪對方，不要等到接近午餐的時間才去，因為也許對方一整天工作下來，只有這十五分鐘真正休息的時間，不想被打擾。如果你打算拜訪的店家或致電的公司，需要招呼很多顧客，你應該避開尖峰時段，因為你要找的決策者也許超忙，實在沒有心情照顧到你。

3. 你知道如何得到你想要的嗎 ?

　　你的計畫或許包括花時間向專家請益，或是參加訓練課程等。

　　大衛經營一家室內設計公司，請了幾名設計師和裝潢師。他們平時各忙各的，多半透過口碑行銷來推廣業務。

　　一年過去了，業績馬馬虎虎，大衛決定加強公司的行銷工作。他請每一位比較有創意的員工註冊社群媒體的帳號，利用這些帳號宣傳他們公司的服務，張貼他們成功改造的房子和辦公室的照片。

　　幾週後，大衛召開會議，想看看大家的進度，卻發現沒有一個人在用社群媒體行銷，理由是：大家都不會。

　　如果你期待別人幫你實現目標，或是代表你「銷售」，你可能必須先教他們做法。而且，你可能得先聘請專家，或是自己去上課，學習實踐計畫所需要的技能。

4. 你的弱點是什麼？

　　計畫有助於你設法克服自己的弱點，這樣弱點才不會阻礙你完成「銷售」。

　　釐清自己的不足，設法補強。

　　我朋友譚雅對於人資部幫她找一名助理一副無關緊要、毫無進度的態度實在厭倦，於是她擬了一份計畫。

　　譚雅的前助理請了產假，六個月前就先告假，產後三個月內不會回到工作崗位上。助理的工作堆積如山，譚雅每晚只能睡四、五個小時，早上7點前要趕到公司，在每天的行程開始之前，自己先處理一些。

　　她找過人資部好幾次，請他們發布職缺，找人來接替助理的工作。人資部同事多次告訴她，有不少職缺待補，她的助理缺並不是第一順位。她要求把順序調到前面。

　　人資部如何回應？招募員工並非他們目前的優先事項，因為公司即將掛牌上市，在那之前，人資部必須先更新公司所有的政策手冊。

　　譚雅看事情很容易個人化，當她聽到人資說「並非優先事項」時，就是如此。失去助理、睡眠遭到剝奪、無法保有社交生活，她覺得這些已經足夠讓填補她的助理缺變成優先事項。

　　她感覺遭受攻擊，十分挫敗，甚至有了想要反擊人資部的念頭。

　　好在她意識到，這樣並不能夠解決問題，於是

她深吸一口氣，決定以計畫代替。她決定做個計畫，「說服」人資部幫她擺脫困境，但還是保持她在人資部的聲譽。想要達成目的，在嘴巴上逞威風，用言語反擊，似乎不是一個好計畫。

和人資部經理吵架，對她無濟於事；事實上，如果她對他凶，氣勢反而會大傷。其實，她有理，處於相當有力的位置，她是勝券在握。

當譚雅退後一步，擁抱自己理性、有策略的一面時，她發現，人資經理其實無權決定如何提供她需要的。他現階段接到的命令，是在公司上市之前，更新好所有的政策手冊，而補齊譚雅的助理職缺，並無助於他目前的任務。所以，她找上管理譚雅部門和人資部的公司副總，副總同意和譚雅見面。

譚雅的計畫，協助她釐清如何開口請求她想要的。會面時，一旦情緒失控了，她知道就會搞砸這筆她亟欲達成的「交易」。

她事先想好要說哪些話，以及萬一副總拒絕她的請求，她要如何應對。她先想好自己能夠接受、願意讓步的事。舉例來說，她必須要有幫手，不願意再等了；她甚至考慮接受臨時助理，直到人資部有時間找

到正職助理為止。她就是需要有人來協助打理工作。

　　譚雅準備好上陣，會見了副總。她的口氣很溫和，不帶情緒，客觀說明了自己的處境，具體提出需求。

　　她達到目的了，副總甚至道歉，因為他不知道譚雅的助理，已經決定不返回工作崗位。他提議，先派一名每週工作四天的兼職助理給她，並且要人資部在公司上市之後的四週內，幫譚雅找到全職助理。

　　譚雅知道自己「贏了」，但她沒有馬上說「好」。在她的計畫中，她也想好要花一天的時間，查看積壓待辦的工作事項。她要想想每週四天的兼職幫手能否有效消化工作，利用晚上的時間好好思考副總的提議。隔天，她接受提議。

　　她的計畫奏效了，她獲得需要的協助，但還有更重要的收穫：計畫讓她擺脫平時的情緒反應和思考慣

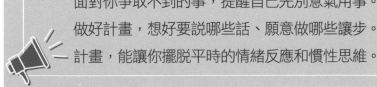

面對你爭取不到的事，提醒自己先別意氣用事。
做好計畫，想好要說哪些話、願意做哪些讓步。
計畫，能讓你擺脫平時的情緒反應和慣性思維。

性。這次,她不是直接抱怨,而是採取行動,執行計畫。計畫給予她信心,也是她「進行交易」的藍圖。

5. 你有多大的信心?

計畫讓你充分準備,進而增強你的信心。

「銷售」就像演講一樣,你必須整理思緒、了解自己要講的內容、準備簡報、準備好回答別人可能會問你的各種問題。

你想「銷售」的對象可能也做了功課,所以你的準備必須特別充分。

我朋友泰莉提到她在高一時競選學生會財政幹事的往事,我聽完忍不住大笑。

當年,她和其他三名女同學競爭,要在大概三百個學生的集會上,向全體同學拉票。她們有兩週的時間準備。

泰莉是第一個發言的人。她起身,打算告訴所有同學,為什麼她有資格勝任這份工作。她沒想到,在校長遞給她麥克風請她發言的那一刻,她整個人居然空掉。她沒有特別準備演講,所以腦袋一片空白。事實上,泰莉完全沒有準備演講,她沒有坐下來好好想

想，自己有哪些條件符合這個職位，可以說服同學投她一票。她甚至沒有想到要這麼做。

　　泰莉告訴我，她完全不知道為何她不準備。她說，先前從來沒有人要求她發表演說，她以為只是起立發言而已。結果顯然她怯場了，而這絕大部分是由於她沒有準備造成的。

　　當她坐下之後，發自內心覺得丟臉、自慚形穢。其他三位候選人則是落落大方，向同學發表精心準備的演說。

　　比起大多數的故事，這個故事的結局還算是比較好的，因為泰莉贏得那次的競選。不過她會贏，是因為她在同校就讀的姐妹幫她拉票。如果你要面對類似的情況，你絕對不應該採取像泰莉這樣的做法，然後期待相似的結果。事先計畫，你才不會發生這種窘

人生有很多事和你想的可能不一樣，
例如上台不是只有隨便講兩句話，還需要勇氣。
計畫，幫助你準備好面對各種挑戰。

況。泰莉吃到了苦頭，才學會這個教訓 —— 計畫帶來信心 —— 她永遠忘不了，你可別重蹈覆轍。

當你請求別人為你做一件事時，自信心很重要。想要增強信心，透過計畫做好準備是極佳的方式。

計畫不但能夠提升你的信心，讓你準備好面對各種即將到來的「交易」；基本上，還可以全方位提升你的自信程度。你愈是確定自己想要什麼，並且計畫達成的方法，你每一天會愈來愈有自信。

打造你們的「銷售」文化

全美1,100家消防隊潛艇堡（Firehouse Subs）速食店，無論你走進哪一家，都會聽到同樣的專業話術 —— 出自職稱非業務的人。

幫你點餐的收銀員，會幫你的三明治結帳，然後一一問你是否需要飲料、洋芋片、醃黃瓜、甜點等。然後，收銀員會問你，餐點金額是否進位成整數，差額捐給消防隊潛艇堡安全基金會（Firehouse Subs Safety Foundation），他們會捐贈設備給第一線應變人員。

每次結帳都如此。

同意結帳金額進位成整數的人實在很多，讓這家

由前消防員兄弟檔創辦、經營的連鎖餐廳，二十年來捐贈了超過4,000萬美元，資助社區急救隊和公共安全組織的設備、訓練和相關活動。

這個構想多棒啊，而且執行力也是一流的！

假設收銀員不問你是否進位成整數，你會把零錢捐出去嗎？

如果收銀員偶爾問，不是每次都問，你會怎麼做？或者，某些收銀員問，其他的不問呢？又或者，公司讓收銀員自行決定，想問就問呢？

我想，他們的捐款總額，就會遠低於4,000萬美元。

經營者掌握到 —— 無論他們是否知道 —— 為「銷售」做計畫的最重要環節之一：一旦決定「銷售」，就要貫徹始終。

如果你想習慣於詢問目前固定合作的客戶：「我們還能提供什麼服務？」，你就必須設法養成習慣，持續做下去。

如果你是管理者、團隊領導人或企業主，希望非業務職的其他同事也開始「銷售」，你就必須讓他們當責，而且是全員當責，不是只有部分的人。全體的努力是一致的，這就是消防隊潛艇堡文化的一部分。

　　我在展開職業生涯之前，曾在一家高級超市兼職，打工當收銀員。那家超市販售美食、進口啤酒和葡萄酒，還有一般連鎖超市找不到的好東東。

　　雖然我沒有受過任何業務訓練，但我明確知道顧客至上。在我忙著整理收銀台或補零錢時，我會立刻停下來，看上前的顧客需要什麼。其他員工也是這樣，如果顧客需要協助，不管是正在切肉的、擦拭麵包櫃玻璃的，或是從停車場推著一排手推車到店門口的，全都會停下來。

　　這項規則徹底執行，老闆也遵守。如果值班的人忙著幫沙拉吧刨起司，顧客拿著商品過來結帳，老闆會自己開收銀機處理，這樣客人就不必等。

　　看老闆以身作則，打造一個顧客至上的文化，實在是太有意思了！她教我們這項規則，期盼每個人遵守這項規則，她本人也奉行。她打造出一種以客為先

想一些簡單的方法，養成當責的習慣，
讓「銷售」變成自然而然就會做的事。

的文化，大家都要遵守。

　　這個老闆明白很多管理者都不懂的事：店內的每一個人，都是業務和代言人，包括收銀員、熟食區服務人員、肉品處理人員、麵包師、守衛和老闆。

　　而且，她想出一個好辦法，確定我們也明白這一點。

　　這個方法運作得超好，好到不需要預告，任何人隨時進來店裡錄影，都像在幫公司拍廣告一樣。我們不必做樣子，裝出最好的服務，因為我們在工作中的表現一直都是這樣，總是把顧客擺在第一位。

　　所以，你會為你的事業創造何種「廣告」？不管你有沒有注意到，你的行為都是在創造一種「廣告」，那是你想要的版本嗎？

　　如果你是經營者、管理者或監督者，你可以、也應該計畫打造這種「銷售」文化。事實上，沒有計畫，不大可能會自動出現這種文化。

　　我有個客戶經營一家中型會計師事務所，並未雇用任何專職業務。他是會計師，職稱不是業務，他的員工有會計、出納和一名行政總務主管。

　　在職稱上，他們都不是「業務」。

　　但他們都十分擅長帶進新業務，並從現有客戶那

裡拓展業務。他們不會說這是在「跑業務」，大部分的人都不這樣認為，他們只是在做工作上自然發生的事，而且做得還算不錯。

但我這個客戶要的，不只是「還算不錯」，他想要擴展事業，他希望員工有目標地銷售。

所以，他請我教這些聰明的財務專家五步驟銷售流程，但首先我教的人是他。

管理者必須說服團隊成員相信，做業務不是「令人反感」的事。管理者需要讓他們看到，其實他們平時已經在「做業務」了，而且做得很成功。他必須向團隊保證，增加「銷售」這件事，不會使他們的工作超載，會雇用更多人手來幫忙，最後他需要教他們推廣業務。

他列出一張檢查表，希望他們在面對每個客戶時，都能夠做到下列這些事：

1. 在道別之前詢問：「請問還有什麼問題需要解答的嗎？」

2. 請客戶有機會的話，向朋友或同事推薦他們。

3. 寄一封內容包含會計師評價網站連結的email，請客戶有空給予好評。

4. 在工作完成隔天，打電話致謝。

這四件事完成打勾之後，才可以結案。

這個老闆要求貫徹這件事，是要讓所有員工養成新的工作習慣。這是他改變會計師心態的方法，這樣他們才會有意識地進行「銷售」。

公司業績如果超標，他也會規劃慶祝活動，發獎金給業績最好的同事。

只是有個問題：在我們合作之後，他並沒有持續強制執行這個部分。獎金對於想要多賺一點錢的人來說，是很強的誘因，但會計師的收入本來就比較高，所以有些同事並未參與。他對這些拒絕「銷售」的人也沒有處罰條例，沒有讓「銷售」全方位成為公司文化。

他還在努力，不過這套新方法在兩個月內，增加了許多同事被推薦的次數。

為了增加「銷售」機會，
你可以列什麼樣的檢查表？

> **專業祕訣**
>
> 想要輕鬆達成非正式的「銷售」，有個最簡單的方法，就是向每個客戶或消費者問：「我還可以提供什麼協助？」甚至，更好的問法是：「我可以幫你完成什麼事？」，具體說明你可以提供哪些服務。

速食店的收銀員會問：「要加點一份薯條嗎？」

消防隊潛艇堡的人會問：「消費金額要無條件進位成整數，零錢捐做善事嗎？」

每次你和客戶合作可以問：「我還可以提供什麼協助？」

只是問你的客戶還有什麼需求、想要什麼協助 —— 叮咚叮咚，你已經在「銷售」了，而且是有意識地「銷售」。

步驟 ① 動起來
──── 形象廣告，你的最佳銷售利器 ────

　　你最近有沒有看過一些令人感動的報導，某個員工超越職責幫顧客、甚至不是顧客的人解圍？

　　這些故事很容易被一直瘋傳，或許是因為負面新聞實在太多了，大家都很喜歡看這種良善的故事。

　　我看過一則關於美國西南航空（Southwest Airlines）員工的報導，這名員工在凌晨三點親自開車送遺失行李給旅客，行李箱中有藥物，還有一串客人希望在隔天做化療時能夠帶在身邊的念珠。另一則新聞報導是家得寶（Home Depot）的員工協助一名身障男童的父母，利用焊接管製作一個暫時輔具，幫助小男童練習走路。

　　此外，漢堡王一名19歲的收銀員，在年長客人用餐完後送他回車上，被其他客人拍下照片，在社群媒體上獲得許多人點擊「大心」。還有一間福來雞（Chick-fil-A）速食店某個週日居然開門

營業（他們週日是不營業的），讓一個14歲的青少年可以一圓夢想，體驗在得來速工作。店經理讓這個腦性麻痺的自閉症青少年，在「值班」期間遞交餅乾給朋友和家人。

不管行為大或小，善心始終吸引關注。善心就是賣點。

在工作上，你可以怎麼做，創造這樣的時刻呢？你可以做哪些令人感覺溫暖的事，讓你或你們公司的形象加分？你最近做了什麼事，可以為公司創造很好的廣告效果呢？

這種像廣告宣傳效果的時刻，重點在於：發自內心。

當企業或店家認真看待以客為先時，這些廣告宣傳時刻每天都會出現。

當企業或店家這麼做時，顧客會注意到。沒有比重視顧客服務的職場文化更好的「銷售」方法了，就算他們沒有真正「購買」任何東西。

發自內心，保持良善

　　在我舊金山住家的附近，有三間不同的店家，會在民眾蹓狗經過時免費給狗零食：一家是餐廳、一家是五金行，還有一家是咖啡店。

　　我的狗「餅乾」知道這三家店在哪裡，幾乎每天都會帶我到其中一家。

　　我最愛去的是高爾五金行（Cole Hardware）。我和我先生曾經大翻修房子，有一段時間我們常跑五金行。常跑這家五金行，讓餅乾成了我們家唯一喜歡房子翻修的成員。

　　有天早上，我們在散步時，餅乾帶我到這家五金行。那天，我沒打算要買任何東西，但餅乾仍然吃到牠的零食。

　　我告訴收銀員：「這是我們家狗狗一天當中最美好的時光。」

　　她說：「不，這是我一天當中最美好的時光。」

　　我好喜歡她說的話。

　　她可能不知道，這也是一種「銷售」的互動。我大可去其他五金行或大賣場買我需要的材

料，但我持續光顧這家店，是因為狗零食，以及他們招呼餅乾和我的方式。

　　如今，我們家已經翻修完畢，我還是會到那家店去 —— 由於收銀員說的話。她分送狗零食，是因為她想要人們路過時順便進來看一下，她想要店裡營造一種鄰里氛圍。

　　她讓我想要再度光臨，在他們店裡買東西，也讓我想要幫忙宣傳這家店，慫恿大家光顧。

　　這是不是很好的「廣告」？

　　大多數的人經常聊到自己和業務交手的負面經驗，趁機發洩一下。所以，我開始用心留意誰的業務做得好，特別是職稱非業務，最後卻成功「銷售」東西給我的人。

　　保持良善、幫助他人，就很容易推動「銷售」。前述這類令人感動的故事，就是證明這點的最佳例子。

　　反之，這也在告訴我們，要把潛在顧客趕跑是多麼容易。

　　當你讓顧客留下負面體驗，你也在創造一種

「廣告」——抱歉，還是那種會重播很長一段時間的負面廣告。

下列是一個例子。

我去看了一家健身房，因為我每天早上買咖啡時都會經過，它看起來舒適又乾淨。

你可能會以為，站櫃檯的都會被訓練成業務，因為他們必須說服顧客參觀一下，或是帶你見見業務。顯然，這家健身房的櫃檯並非如此。

那位櫃檯人員好像不知道我有興趣辦會員。我問她，可不可以給我一張課表？她說沒辦法，她手上沒有。我問她，如何取得課表？她要我上網看。我問她這裡有開嘻哈有氧課嗎？她說不知道。其實，她當時就坐在電腦前面，明明可以幫我查的。

我問她，可以按課程付費，還是一定要辦正式會員？她說我得和業務談。我問她，現在有業務可以談嗎？她指指身後，說我得去問坐在桌旁的訓練師。我沒有去問，而是轉身離開。

簡直是把送上門的機會給推出門外。其實我

想加入健身房，而且就是這家。但一家健身房的員工給我的印象是毫不重視上門的顧客，那還是不用了。

最起碼她可以請業務幫我，但完全沒有。她丟了一筆交易，多了一個我會一直重播的惡評廣告。

所以，你和別人互動的方式，正在製播哪一種廣告呢？

第5章

步驟②：尋找機會

　　看到這裡，你已經看完本書三分之一的篇幅了，所以我假設你應該認同：所有工作（至少在某些時候）都是業務工作，包括你的也是。

　　本章會檢驗這項信念。

　　如果你相信你的工作也是業務工作，即使在你的職務說明中，並沒有提到半點做業務的事，接下來我會說服你相信：尋找做業務的機會，對你而言是好主意。我們會檢驗你在本書學到的「銷售」技巧。

　　你不必費力尋找，也不用長期觀察，「銷售」的機會並沒有隱藏起來。它們不是什麼機密，其實無時

無刻不在你的周遭。

　　想一下，你有什麼想要的東西？這些東西是你一直渴望提出請求，卻始終沒做的？

　　不管你想要什麼，嘗試「銷售」吧！說服你的上司、同事、客戶、朋友，甚至是你在一些例行商務聚會遇到的人。

　　在閱讀上一章有關擬訂計畫的時候，你可能也花了一點時間思考自己想要什麼。

　　現在，該列出你的願望清單了。在你現階段的工作、職涯發展、近期和長遠的未來，你想要什麼？花點時間想一下，寫下來，利用本書分享的「銷售」技巧，好好實現這些願望。

　　下列這十件事，是大部分職場人士想要的，如果善用業務專家的「銷售」技巧，也就是計畫、尋找機會、建立信任關係、勇敢開口問、繼續追蹤，你也可以獲得。

1.加薪。
2.升遷或承擔更大的責任。

---

3. 獲得客戶或同儕推薦，把你介紹給潛在的新客戶。

4. 新工作 —— 如果你沒有的話，或是你不喜歡現在的工作。

5. 推薦信。

6. 因為工作表現出色而得到讚揚，至少被提到名字。

7. 出差期間有更好的飯店房間，或是更大、更舒適的租車。

8. 更棒、更有彈性的上班時間。

9. 休假。

10. 更大、更安靜，或是一間專屬於你獨用的辦公室。

為了獲得這些東西，你必須在適當的時機出現時，好好把握機會「銷售」。而且，這些機會通常都需要與人建立連結，他們能夠幫你更接近目標。

本章〈步驟②：尋找機會〉的主軸，是要幫助你隨時保持警覺、建立有效的人脈網絡，最後也會告訴

你在別人沒有請求的情況下，如何主動提供協助。

保持警覺，在對的時機開口

　　現在，你應該明瞭自己一天到晚都在「銷售」，那就留意各種機會好好做吧。你要訓練自己對各種機會保持警覺，留意機會之窗何時開啟。請時刻記得這個問題：現在，我有機會做非正式「銷售」嗎？

　　如果你可以記得這個問題，不管是向主管要求加薪，或是請對你滿意的顧客推薦你，得到 Yes 的機率通常會比較大。當你察覺到機會之後，還是需要保持警覺，更要提醒自己抓準時機，在對的時間點開口。

如何要求加薪？

　　不管你想要什麼東西，你都必須尋找機會取得。重點是，你怎麼知道時機對了，可以開口問了呢？

　　以爭取加薪這件事來說，祕訣就在於：每天都要想到「我要加薪」這件事。這樣的話，你自然可以相中時機開口問。

　　想要成功獲得加薪，你需要一份計畫。你的計畫有助於防止你在錯誤的時間點說錯話，例如誰誰誰憑

什麼薪水比你高，或是主管偏心或剝削你。

　　你的計畫讓你做好自我掌控，使你保持機警，這樣你就會知道什麼時候時機到了，可以開口提出請求。

　　為了加薪成功，你應該要做計畫。做好計畫，保持機敏，留意線索，把握開口的時刻。做好計畫，讓你懂得觀察主管，這樣你才知道她什麼時候心情好，什麼時候連你只是要借枝筆，都可能把你罵個狗血淋頭。做好計畫，每次你主管談論他／她想要什麼、需要什麼，這樣你們部門才能更成功時，請仔細聆聽。

　　就像生活中大多數的事情一樣，你花愈多時間計畫一件事，成功的可能性就愈高。

　　所以，當關鍵日期到來，主管要做你的績效評估，她的心情很好。在上次的部門會議中，她宣布了一項新專案，明確表示這項專案對她來說超級重要。她特別拜託同事謹慎處理，但完成的速度要快。剛

為了獲得加薪，你有什麼計畫？

好，你這個週末沒有任何計畫。

　　你的績效面談進行得很順利（如你所料），在討論結束時，你意識到機會來了。你巧妙地把話題轉換到你主管特別關注的專案，展現出對它的真摯熱情。你認同它的重要性，同意完成的時間要快，必須格外謹慎，以免出錯。你主動提出要召集一個小組在週六加班，避免遺漏關鍵細節或錯過截止日期。

　　這項主動提議，提醒你的主管留意到你對工作的投入與熱情。

　　放心好了，無論如何，你的主管在聽完之後，都會感到開心的。你竟然理解這項專案的重要性，還願意付出額外的心力 —— 因為你在意的不只是這項專案，也在意它對你主管的重要性。

專業祕訣

向別人展現出你真心在意某件事，只因為這件事對他們來說很重要，好好掌握這項訣竅，能夠幫助你飛得更遠、跑得更快，只要你的態度真誠。

　　然後，把話題轉回到你的績效考核上，感謝主管
對你的肯定和信心。在你離開之前，要記得說：「希
望這樣多少能夠幫助我們爭取到這個客戶，這樣就能
實現我們的成長目標，甚至讓我在下次績效評估時有
機會加薪。」

　　當然，最後能否加薪，取決於多項因素。你的主
管可能會說公司沒有計畫、時機不好或其他理由，但
你必須堅持自己的計畫。你知道你值得加薪，也要確
定你的主管知道。

請求推薦

　　大多數人請求推薦的方法都錯了。他們會告訴主
管、同事、客戶或教授：「我需要一封推薦信。」然
而，要得到推薦信的正確做法，是有禮貌地提出請求。

　　你的計畫是什麼？首先，請慎選推薦人。請避開
那些曾經跟你有過摩擦、怨恨你「搶走」客戶，或是
太久沒有聯絡，根本不記得你長相的人。

　　這是我當教授時老是碰到的事，而且從我創辦自
己的顧問公司至今，仍會不時遇到的事。而我絕對不
是唯一碰上的人。

　　不久前，前同事告訴我，有個年輕女大生為了實習，請她寫推薦信。這位教授通常都很樂意推薦她的學生，因為她真的樂觀其成，希望自己的學生成功。但她說，她整整花了兩天時間思考，要如何回應這個學生。

　　一年前，這個學生在學新的電腦程式設計時，曾在課堂上暴走。她覺得挫敗，就叫老師過來，然後大喊：「這好蠢喔！」，接著說了幾句之後，氣沖沖地離開電腦教室，跑到女廁去哭。

　　一年後，她為了重要的實習工作來請同一位教授寫推薦信。這位教授最後婉拒了，表示這名學生去找另一位講師比較好。

　　「為什麼？」學生寫 email 問她。

　　教授重提那次事件。

　　這個學生事後在課間時常在走廊上看到教授，卻從來沒有為自己的情緒爆走道歉；事實上，在課程結束後，她從來沒有對我這位同事說過半句話。

　　這個學生在這件事情上犯了幾項錯誤：她好像不知道自己情緒失控，對教授和她的同學來說也造成困擾；或者，就算她知道，還以為老師不會拒絕寫推薦信。

如果寫了推薦信，這位教授可能得到什麼好處？我還真的想不到。

在這種情況下，沒有人得利。

其實，有時你甚至可以不必拜託，就獲得別人的推薦。我是從經驗中明白到這一點，因為有次我搭達美航空（Delta Air Lines）出差得到很棒的體驗之後，主動向一大堆朋友和客戶推薦這家航空公司。

我的手腳總是很冰冷，即使在七月份也是一樣，到了冬天更是如此，連暖氣開到最強都沒用。我覺得，這是因為我來自美國南方，那裡的氣候通常很溫暖。在某次搭達美航空的途中，我覺得簡直快凍死了 —— 而且要強調一下，我知道自己很怕冷，所以穿上長褲、毛衣、夾克，還戴了圍巾。

整趟航程異常寒冷，比平常都冷。我翻了手提行李，拿出厚外套，披在身上，整個人再縮到從上方置物櫃拿下來的一條小毛毯中。我從鼻子到腳趾都裹得緊緊的，但還是冷得要命。已經到了這種地步，我請空服員再給我一條毛毯，並請她協助關閉我這一區的空調。

她回來時，對我這兩項請求全都空手而返。據

說，空調故障，所以機艙內的前段極冷，後段又熱到很難受。至於毛毯，她剛才全部發完了。

不過，她提議讓我換到機艙後段的「熱帶區」，但我必須擠在兩名乘客中間的座位，而他們抱怨機艙很熱的程度，跟我抱怨機艙很冷的程度可能差不多。

她為我端來一杯熱咖啡，還回頭幫我續杯了好幾次。她會短暫停留一下子，和我交談，分散我對不適感的注意力。此外，她還贈送許多哩程到我的達美帳戶。

她超越平常的服務，看到機會，把一趟令人難受的悲慘航程變成尚可容忍。

她把失控的情況控制得很好，確實做得很不錯。

即使我在飛行過程中不大舒服，但在下飛機時是帶著好感的，還在社群媒體上向這名空服員致意，並

找人推薦，切莫過度自我感覺良好，
找上不適合的人。
提供超越預期的服務，不用開口，
顧客也會主動推薦你們。

且在後續問卷調查中給予好評。

就算資格不符，也可以主動採取行動

　　我的朋友露西是建築師，在美國東北部一座小城市設計小型的辦公大樓。基於安全理由，建商並不喜歡建物所有權人在工地現場滯留太久，但很多人都會擔心工程進度，堅持必須親自查看。

　　露西每隔幾天就會拍攝一次進度照片，分享給所有權人，但有時他們並不滿足。

　　她不想失去這些客戶，因為他們是回頭客，還會推薦很多人上門。但她也不希望他們在危險的工地現場到處走動。

　　有天，她打開一封email，那是一封群組信，她在附近的社區大學教過好幾堂建築課。信件內容是有關這所大學的新課程，新課程要教人操控無人機，並且準備美國聯邦航空總署（Federal Aviation Administration）的考試，取得無人機駕駛的資格。

　　露西看到這封email，靈光一閃：如果她會操控無人機在建物間飛行穿梭，在施工的不同階段，甚至在蓋到屋頂之前，她都可以拍下內部的結構影片和

照片。如此一來，所有權人就可以看一下各房間的大小，以及它們的確切位置。

她的挑戰在於：取得培訓的資格。這堂課只給教授上，而她是兼職教授，兩年來都沒有在那裡任教過。她的計畫是：無論如何都要試試看。

她擬了一份計畫。她先研究建築師運用無人機協助工作的種種方法，然後她看到那間大學的使命是為校園外的社區成就做出貢獻。於是，她向主訓官推薦自己，最後獲准上課。

一天前，露西從來沒有想過要推銷自己成為未來的無人機駕駛員，如今她不僅為自己的建案拍攝，她還出租自己的空閒時間，為社區其他建築師和建商拍攝。

而且，從她開始使用無人機之後，接受了許多媒體採訪。她談到自己接受的訓練課程，藉此表彰那所

> 你想要的東西，有時從表面上看來即使資格不符，
> 你也可以用心準備，試著爭取看看。
> 機會是留給有準備的人。

大學。

簡言之，這是個雙贏的局面。

人脈＝最寶貴的資源

我的經驗法則之一就是：「做事不能單打獨鬥」，沒有人可以如此。

所謂的「事」，我指的是生活、事業、工作與生活平衡，全部的事。

而且，幫助你的貴人，經常是你最親近的人，包括家人、朋友、同事和生意夥伴。

我朋友綺爾絲坦在情人節的舞會上發現了這一點，她是某個女性平面設計師專業組織的一員，他們舉辦了一個以愛心為主題的宴會，要為團體募款。

這場宴會的有趣之處就是：只有女性參加。綺爾絲坦和其他籌辦者以為，每個人都會攜伴參加，但她們沒有。

於是，一群女人利用這次機會，加深對彼此的了解。

綺爾絲坦也透過這次機會，獲得了大量的外包案子。

她和一個朋友伊芙，一起在舞池中消磨時間，嘗試她們在1970年代電影看過的古早迪斯可舞步。之

後，她們一起喝了點調酒，綺爾絲坦告訴伊芙，她決定辭掉在大公司行銷部的工作，自己開業全職接案。

伊芙是另一家公司的行銷部主管，所以綺爾絲坦直接問伊芙：他們公司需要她的服務嗎？

伊芙說：「很可惜，我們的人全都是正職的，從來沒有發過外包。」

綺爾絲坦還是把名片遞給她說：「好吧。如果你們改變做法，有機會的話，這是我的聯絡方式。」

沒想到，幾週後伊芙就真的聯絡她了。她的部門有個平面設計師必須休病假幾個月，她想到綺爾絲坦。

這是十年前的事了，現在伊芙公司的平面設計師無論休假或請病假，綺爾絲坦仍舊暫代他們的職務。

這就是人脈可以為你帶來的好處，請善加利用。

至於不大擅長交際的人呢？

告訴各位一個祕密：大家都說我很親切、外向，

你自己要不到的，讓人脈幫你。

我一般也喜歡與人互動，但我同樣不善交際，你可別
不相信。

　　我總覺得，大家在社交活動和會議上進行的那種
交談，大多只是淪為表面閒談，我比較喜歡用個人化
一點和深入的方式真正認識別人。

　　但我必須說，這些場合讓我們公司獲得很多業
務，讓我有機會認識原本完全不會有交集的人，給我
機會向人介紹我的公司 —— 橙葉顧問（Orange Leaf
Consulting）。

　　我想了一套防呆方法，盡可能結識寶貴人脈，接
下來與各位分享。

8個訣竅，把陌生人變貴人

　　1. 上場。就算你討厭商務會議、公司聚餐、和客
戶吃飯，你還是必須出席。不和人見面的話，你就無
法建立聯繫。如果你不和可能想與你們做生意的人互
動，怎麼會有機會做非正式的「銷售」？如果你不離
開你的小天地，如何廣泛地建立名聲、行銷自己？

　　2. 找樂趣，就算你是裝的。強迫自己微笑，很快
地，你自然就會想要微笑。保持微笑的習慣，可以拉

近你和別人的距離，增加別人對你的興趣，甚至當你
們公司的產品或服務可以解決新朋友的麻煩時，他們
對你說 Yes 的機會也比較大。

　　3. 交談。你不是唯一說寧願去做根管治療，也不
要一整個晚上都耗在屋內和陌生人交際應酬的人。你
遇到的很多人，其實也不知道該說什麼，甚至害羞到
不敢主動攀談，等著你打開話匣子。開口說吧！學會閒
聊的技巧，第6章會進一步介紹交談和傾聽的小訣竅。

　　4. 小心你談論的話題。希望你早就知道，不要
和職場聚會裡的人談論政治、宗教或性議題。鎖定在
每個人都喜歡談論的話題，例如：天氣、你最近看過
的電影、當天的非政治新聞等。如果你遇到的是陌生
人，或是之前見過幾次的人，可以詢問對方的工作近
況、家人，以及近期是否要去度假。

　　5. 留意言談之間的各種機會。或許有人會需要、
渴望你們公司提供的產品或服務，你可以事先在皮夾裡
塞一疊名片，有機會就大方發出去，但不要對任何人施
加壓力。問對方下週找個時間吃午餐，或打電話聯繫一
下如何？在業務界，第二次見面可說是一大進展，讓你
有機會私下聊聊，深入討論你可以如何協助對方。

6. 休息一下。我一直都這樣做，和三個人交談，然後去一下洗手間，或是找個地方看一下手機。接著，我再回到聚會上，和三個人交談，然後離開一會兒，去透透氣。之後，再和最後三個人交談，當晚就算結束。

7. 優雅告退。千萬別陷入冗長的辯論或對話中，小聊幾句，然後有禮貌地告退。你可以說你看到認識的人，或者要去吧台拿一下飲料。找個藉口，類似：「我得回個電話，回頭見」，然後離開。這招滿有用的，既不失禮，又很簡單，對吧？當你需要離開聚會，就閃人吧！

8. 設定結束時間。我會事先決定只待一個小時，然後就離開。這些商務聚會真的不是深入對談或可以結交一輩子好友的場合，大多只是閒聊一下、打個照面、認識新朋友，以及安排隨後會面的機會。

> 出席陌生的社交場合，可能令人感覺精疲力盡。善用小技巧，讓自己習慣，並且從中獲益。

看見需求，主動提議

前些時候，我在一家十分忙碌的三明治店，點了一份沙拉要外帶。這家店製作的三明治比沙拉多，最後我等了差不多15分鐘才拿到午餐。

等餐時，我站在收銀員的旁邊。我看著一個接著一個客人點了三明治和薯條、付款，然後坐下來。接著，我看著同樣這些客人，一個一個回來找收銀員點餐 —— 為了喝點飲料。

其中一個客人是年輕媽媽，手裡抱著一個嬰兒，另一手牽了一個幼童。這位辛苦的媽媽必須帶著她的小孩和食物到一張空桌，把寶寶綁在高腳椅上，拆開三明治包裝，再幫兩個小孩穿上圍兜，自己才能坐定位。終於可以喘口氣時，她發現自己沒點任何飲料。

所以，她解開綁帶，把寶寶從高腳椅上抱起來，再牽起另一名幼兒，暗自祈禱不會有人弄髒她攤開在桌子上的午餐，走到櫃檯去點了一杯大杯檸檬汁和一瓶蘋果汁。

看到這一幕，讓我想要「提醒」這名16歲的收銀員她沒有發現的情況：我建議她，問每個點餐的客人

是否想要加點飲料。

　　她覺得這個點子很好，但她完全沒有想到。而且，她的店經理從來也沒有想到。店經理教她怎麼做三明治、算錢、打卡上下班，但沒有人教她主動銷售。

　　我看著她嘗試這種做法，在接下來十分鐘左右的時間裡，幾乎所有客人都願意加點飲料。

　　我提醒這名收銀員的事，也是我要提醒你的：銷售，主要在於滿足他人的需求。如果這名16歲的女收銀員，主動提議這位年輕媽媽加點需要的東西，可以幫她省下不少麻煩，甚至在她一個人帶著兩名小娃兒壓力沉重的一天，獲得些許平靜的時刻。

　　對於外帶午餐的人來說，這名收銀員可以免去他們吃三明治時因為太乾、難以下嚥的困擾。對那些可能大量訂餐的人來說，提醒他們點購飲料，或許還能讓他們在回到辦公室後被當成英雄對待，因為這樣同事就不必張羅咖啡，或是去販賣機買飲料。

　　這名收銀員的工作就是點單收錢，在職務上，她並非「業務」。但如果她主動提議加點飲料，就能夠為店家賺進更多錢、讓老闆開心，並且滿足顧客想喝飲料的需求。

　　我要講的重點是：不要等別人開口向你要求他們需要的東西；相反地，你可以釐清他們需要什麼，主動提供，而這件事不會太難。

　　我在第1章向各位介紹過我的冷氣維修師傅班，他對我隨口說了暖爐的事做出回應，主動提議檢查一下，這算是為他當時要做的冷氣維修工作，增加一筆暖爐維修的工作。

　　有個鄰居曾經告訴我類似的經驗。去年聖誕節，她先生不準備在他們兩層樓的房子懸掛聖誕燈飾，不少鄰居都留意到他們家缺了聖誕節的燈光，因為他們住在街角，每年懸掛的聖誕燈串總是多到有點誇張。

　　有個和他們住在同一條街上的人也注意到了，我朋友甚至不認識他。他路過時，停下來拜訪，介紹自己是個屋頂工人，提到他們公司在冬天時會接懸掛聖誕燈飾的業務，結果她當場雇用他。

　　這名屋頂工人不是「業務」，可能也沒有受過正規的業務訓練；他是一名屋頂工人。但他看到鄰居可能需要幫忙，也知道公司可以提供協助。

　　他成功做到這筆生意，他的老闆很開心，我的鄰居掛上聖誕燈飾了，她先生不再內疚，街角炫目花哨

的房子也繼續成為鄰居閒聊的話題。

　　這是個五贏的局面。「銷售」能夠填補需求缺口，能夠幫助別人，而助人的感覺很好。

　　開始尋找主動幫助別人的機會。在收垃圾日時，有個會計師在要上自己的車子之前只是過個馬路，這樣就能幫到一名老婦人將垃圾桶推回她的屋內。這看起來或許不像他正在「銷售」什麼東西，但這種善舉（其實是任何善舉）有助於他建立關懷及樂於助人的好名聲。

　　然後下次當這名老婦人的女兒苦於自己的稅務，覺得報稅繁瑣到無法自己做，對母親大人一直抱怨的時候，她就會推薦這個住在對街、為人善良的會計師。

　　成交！

　　我的朋友蘇茲和她先生每年喜歡放幾次比較長的

銷售，主要在於滿足他人的需求。
如果你看到需求，不要等別人開口問，
你可以主動提議。

週末連假，去紐約和芝加哥等大城市旅行。只要地點合適、價格合理，蘇茲從來不在意要住哪家飯店。

但是，大概一年前，他們決定到紐約去過聖誕節，蘇茲在網路上找不大到他們負擔得起的空房間。她搜尋一家又一家的飯店，每個網站的訊息基本上都是「沒有空房」，她訂不到房間。

於是，她選擇走傳統路線，打電話到希爾頓（Hilton）訂房。訂房人員確認蘇茲想要入住的特定飯店已經客滿，但她主動以蘇茲要的價位搜尋全市的空房。這個訂房人員大概服務了蘇茲二十分鐘，找到四個合適的房間，她當場就預訂了。

那個訂房人員做成一筆交易 —— 在某種程度上，這是她的工作，不是嗎？

接下來發生的事才是重點：蘇茲和她先生現在只住希爾頓，他們註冊成為希爾頓「榮譽客會」的會員，辦了希爾頓信用卡，成為品牌的忠誠粉絲。

這個訂房人員不只銷售週末在紐約的飯店房間給蘇茲，還取信於蘇茲，讓她成為終身的忠誠顧客 —— 在短短的二十分鐘內。就投資報酬率來說，如何呢？一次二十分鐘的對話，讓蘇茲變成終身顧客。

　　這個訂房人員做的只有主動提議，你也能夠做得到。訓練自己仔細聆聽，發現各種機會，每當有人對你說她需要什麼時，訓練自己注意機會——即使這些話只是隨口說說，即使這些話和你們兩人正在談論的事情無關，即使你們可能並無實際的生意往來。

　　每當有人抱怨或表示缺少什麼東西時，請聽進去。

　　迅速看一下你或你們公司可以填補這個缺口的方法，然後告訴對方你可以提供什麼服務，或許能夠幫他們一點忙。

　　訓練自己集中注意力，辨別機會之門何時開啟，然後走進那扇門。

　　很多時候，走進那扇門指的是，在別人沒有請求的情況下主動提議——而且你應該也要準備好，以防有人真的提出請求。

　　關於這點，我最喜歡的故事以一種令人難忘的方式演出，主角是情境喜劇《六人行》（*Friends*）飾演甘瑟（Gunther）的演員詹姆斯・麥可・泰勒（James Michael Tyler）。

　　泰勒有長達一年半的時間是扮演無名氏的角色，默默地倒咖啡，為美麗的瑞秋（Rachel）憔悴，但是

一句話也沒說。然而，在第二季中期時，某位製作問他是否有任何演戲經驗？當然有，他說。

　　機會來了，他早已做好準備，也成功銷售自己。他的角色有了名字，開始出現幾句台詞。這部電視劇總共播出十年，泰勒就在其餘的幾季中，保住這個角色直到結束。

　　做好準備，發現機會，抓住機會，大膽開口，完成銷售。

步驟 ② 動起來
——關鍵時刻，細節創造差異——

　　每當你碰巧和別人談論你的工作或你們公司時，你就有機會達成一筆交易。在工作上，當你接觸一名顧客、客戶，甚至是任意一個路人，你也有機會做成交易。

　　而且，無論你的正式職稱是不是「業務」，都是如此。所以，當我去購物時，碰到原本應該幫忙的銷售人員讓我有一種被忽略的感覺時，我會非常困惑。

　　關於這點，我能想起的最難忘例子，是我朋友芙瑞達告訴過我的事。她自認是個購物狂，特別喜歡一家百貨公司 —— 擁有所有她喜愛的品牌的大型連鎖百貨。

　　芙瑞達時常在這家百貨公司購物，無論是在實體店或線上。這家連鎖百貨有三間門市離她很近 —— 一間靠近住家，一間與公司相隔幾公里，還有一間就在她幾乎每週造訪的客戶公司對面。

　　但差不多在過去半年左右，她已經不去那裡購物了，而且是很突然的。這種事，各位不會相信吧？我到現在還依然無法置信。

　　到底發生了什麼事？

　　芙瑞達赴了客戶的約之後，像往常一樣過馬路到這家百貨公司。她在線上買了一件洋裝，結果有點緊，所以她想在這家門市換尺寸大一點的。

　　她已經在這家門市換過好幾次線上購買的商品。可惜的是，芙瑞達要的尺寸在這家門市只有紫色的，而她打算退的衣服是綠色。她決定換紫色的沒關係，然後拿著兩件洋裝和另一件她試穿過的衣服到收銀台，她準備購買。

　　收銀員說她沒辦法換貨，因為紫色洋裝的價格比綠色的貴。

　　芙瑞達問她究竟能否換貨？因為這家店沒有綠色的可以換。這名收銀員回答：「不行。」

　　當她說「不行」時也是很直接。她沒有說：「我當然也想換給妳，但我沒有這個權限」，或是請芙瑞達在別家門市或網路上找到綠色的洋裝換

貨，或是去找經理破例處理，因為他們店綠色的洋裝已經售完了。她只是一口回絕。

於是，芙瑞達決定在網路上重新購買合身的尺寸，問收銀員是否可以在這家門市退掉那件太緊的綠色洋裝？

收銀員再度說：「不行。」

為了退貨，我朋友又和這個人來回周旋了二十分鐘，她最後要求找主管，但收銀員表示主管都不在。

我朋友很洩氣，只要求為她帶到收銀台的第二件衣服結帳。交易完成後，芙瑞達說：「就算妳沒說『謝謝』，我也會說『不客氣。』」

對此，這名收銀員回答：「我為什麼要謝謝妳？」（這是真的。）

我朋友說：「因為我在妳工作的店裡買東西。」

這名收銀員竟然放聲大笑。

聽完這個故事，你和我一樣覺得吃驚嗎？

我朋友不高興到極點，某天又抽空半個小時，到這家百貨門市找經理報告這件事。經理向

芙瑞達道歉，表示會和那名收銀員談談，並且處
理那件綠色洋裝的退貨。

　　從那次事件以後，我朋友再也沒有光顧那家
門市 —— 她最愛的門市。事實上，她從此再也沒
有去過那家連鎖百貨的任何一間門市。

　　在這本書中，我舉了很多例子，說明如何讓
消費者變成老主顧。我朋友芙瑞達的經驗，以及
她浪費掉、令人感覺很糟糕的一個小時，則是說
明了如何讓老主顧變成競爭對手的顧客。

魔鬼藏在細節裡

　　「銷售」無非是創造時刻，我朋友菲莉西亞稱
它們是「關鍵時刻」。在上一段，我講的是一個
讓我朋友離棄她鍾愛店家的極關鍵時刻。

　　如果你只是想要努力為公司做好事、打動
你的上司、成為樂於助人的人，或者只是善待他
人，那麼這樣的時刻不會是你想創造的。

　　當你代表你們公司，對於遇見你的人來說，
關鍵時刻應當是一次美好的體驗。

　　關於這點，我又要再提一次班，我的冷氣維修師傅。他只是來修理我的冷氣，最後也照顧到我的暖爐，那對我就是很關鍵的時刻。那是一份出乎意料的善意，省下我的時間、金錢和麻煩，就是這種表示，讓我成為他們公司的忠實客戶。

　　接下來要說的故事，對我朋友克莉絲蒂來說，是幫助她決定選擇為哪家公司工作的極關鍵時刻。

　　克莉絲蒂曾去矽谷面試幾家大型的科技公司。她是數位奇才，一直是許多享有盛譽的公司極力徵召的對象，這些公司都會重金吸引最傑出、最聰明的人才。

　　事實上，克莉絲蒂最後糾結於兩家公司開出的條件，這兩家公司都向她提出天價的簽約金、裝潢華美的辦公室，以及可以一展長才的工作。

　　此時，最細微的事，在她做決定時占有最重的分量。

　　這兩家公司都位於廣闊的園區內，公司規模相當大，擁有非常多的員工，需要幾棟大樓才能

夠容納所有人。

當克莉絲蒂抵達第一個園區時迷路了。

她四處亂走，試圖找到一棟大樓，她攔下一個看來知道自己要去哪裡的人。她問了路，但對方不知道她正在找的大樓，就走了。她又攔住第二個員工，對方指著左邊說：「繼續往那裡走，最後妳就會找到。」但她沒有找到，而且超過約定時間十分鐘才到。

有鑑於此，去第二家公司面試時，她提早一個小時抵達，考慮屆時又得靠自己摸索穿越整個超大園區。果然，她又迷路了，但這次她攔下一名警衛問路。他看起來好像在趕時間，所以她準備好面對「不知道」的回覆。出乎她意料的是，這名警衛停下來笑著說，自己已經在這裡工作兩年了，有時候還是會迷路。他說，克莉絲蒂離目的地還有兩棟大樓的距離，她自己找絕對找不到。

「來吧！我帶妳到那裡去，」他說。

「你不會遲到嗎？」克莉絲蒂問：「你看起好像在趕時間。」

「面對協助訪客的事，我們永遠不能趕時間，」他回答。

這名警衛送克莉絲蒂到她尋找的大樓門前，祝她面試好運！他遞名片給她，說如果她接受這份工作了，可以打電話給他。

結果，她接受第二家公司的工作。和警衛成為同事之後，兩個人每隔幾週會一起吃午餐。

克莉絲蒂在兩家公司各有難忘的時刻，卻是因為截然不同的理由而令她難忘，兩者都是關鍵時刻。

和你們公司既有或潛在的顧客互動時，你正在創造哪種關鍵時刻呢？

人們都忘不了這些時刻 —— 一次美好的體驗形塑一個陌生人對你和你們公司的觀感，一次糟糕的體驗也是。

你正在提供哪一種體驗？

能夠造就最大差異的事，往往都是最細微的小事。舉例來說，一件讓你注意到閃閃發亮的婚紗，是因為有人花時間在上面縫了成百上千片的

小亮片所致。這些微小的東西，給人留下更大的印象。當你關照細節，碎片會拼湊在一起。當你創造一個特別時刻，有人會永遠記得這個時刻，還有你。

同樣地，當你搞砸一個特別時刻，有人同樣會記得。

我先生對我做過最美好的事情之一，就是為我在紐約市規劃了一個特別的日子。

我們不大常揮霍，因此當大手筆花錢時，我們就想要每一分錢都花得值得。那年聖誕節，我先生在紐約市一家高級珠寶店，為我訂購了一條十分漂亮的手鍊，但這還不是最棒的事。

那個週末，我們入住精美飯店。他為我們安排了非常大蘋果風格的時光：在我最愛的熟食店吃午餐、到洛克斐勒中心（Rockefeller Center）溜冰、到廣場飯店（Plaza hotel）喝一杯香檳，然後我們去拿手鍊。

中午，我們走進珠寶店，排隊等候了幾分鐘，告訴銷售人員我們是來拿訂購的商品的。她

消失片刻後，帶著我的禮物回來了。

　　她拿著一個小盒子，上頭繫著漂亮的蝴蝶結。盒內是天鵝絨襯裡與天鵝絨小袋，小袋裡是我耀眼的新手鍊。

　　她呈上盒子時，我迫不及待想要打開。我其實好想一把扯開，但早先我已經打定主意，要慢慢拆開包裝，好好品味這次的經歷。

　　可惜，我沒有這個機會，這名女銷售人員用力拉掉盒子上的蝴蝶結，打開盒子，從小袋中掏出手鍊給我。

　　她完全掠奪了我的關鍵時刻。我們很傻眼，她看得出來。

　　她問：「手鍊有什麼問題嗎？」

　　她絲毫不知道，她完全毀了我的關鍵時刻 —— 也搞砸了她的關鍵時刻。

　　我不大常像這樣收到禮物。當真的像這樣收到禮物時，它就是特別場合的特殊犒賞，可是對這位銷售人員來說，這只是一筆買賣。我還是很愛我的手鍊，但不會再從這家珠寶店購買飾品了。

第6章

步驟 ③：建立信任關係

　　對於職稱非業務的人來說，我的五步驟銷售流程的關鍵是：如果你想從某個人身上獲得一些東西，你得先釐清對方能從你身上獲得什麼。所以，你必須試著多了解一點對方，在你們兩人之間建立信任關係。比起不信任你的人，信任你的人給予你助力的機率更高。

　　信任不是自動就會產生的，即使你和別人沒有信任關係，你還是可以和他們相處，維持正常的人際互動。

　　我可能喜歡你，但不信任你。我可以和你一起出門，但還是不信任你。

　　建立信任關係的起點，是你要對別人由衷地感興

趣。當對方和你分享資訊與感覺情緒時,你必須認真聆聽。你必須觀察對方當下的狀態,決定你是否可以提供什麼協助來幫助他。你們需要充分的交談,讓對方知道你可能有點懂他／她,但你又不能說得太多,導致整場互動只有你在說話。而且,你的行為舉止始終必須言行一致,展現出你是個良善、有道德的人,在「非正式銷售」協商時所做的任何承諾,都會兌現。

〈步驟③建立信任關係〉的重點是,做好下列這四件事:真誠聆聽、觀察、交談、表現。

聆聽:用心聽,聽出線索,找到解方

寶琳是我客戶的員工,我對她的印象很深刻。她決定自己想要與應該得到的年薪漲幅要高於公司給她的條件,她就直接走進她老闆(我客戶)的辦公室,開口跟他說。

遺憾的是,我的客戶告訴寶琳,過去幾個月來,公司的資金一直吃緊,他提供給員工的加薪條件,已是他所能負擔得起的。

寶琳溫和有禮地抗議老闆把她和其他員工混為一談;她解釋,她過去一年來在工作上的表現如何出

色，以及她做出不小的貢獻，幫公司緩慢擺脫過去幾季的慘澹營運。

她認為，自己的底薪7,500美元起跳太低了。她還是想待在我客戶的公司，但她需要老闆付的薪水，要像她說的：「付全薪。」寶琳的老闆很擔心自己最寶貴的員工之一會離職，他不希望這樣，但他還是說沒辦法拿出自己沒有的錢，他向寶琳保證，明年再來商議更大的薪資漲幅，時機比較好。

寶琳下一步的做法很高招，甚至讓她獲得的薪酬超出她原先的期望。如果我的客戶和她談話時，她沒有用心聆聽、保持開放的態度，就無法達成她要加薪的目標。

她說：「我了解公司今年資金吃緊，明年再來商議比較好。請讓我提一個對我們雙方都有利的解決方案。」

她規劃了一份三年計畫，緩慢加薪的金額差不多是12,000美元以上：今年約莫2,250美元，明年約莫5,250美元，以及除了正規加薪之外，5,000美元獎金換取她三年不跳槽的承諾。她建議人資部擬一份合約，讓她和我的客戶簽訂。

我的客戶同意這些條件，兩人握手，臉上帶著笑

容離開。

　　寶琳這場談判很成功，因為她仔細聆聽我客戶說的話：他今年根本沒錢，但明年會有。她之所以成功，是因為她有計畫，而且在初次聽到「沒辦法」的時候，並沒有放棄。她成功，是因為她明白我的客戶看重她，想要留住她，但他考量到今年公司的財庫吃緊，對她的請求不知如何是好。

　　寶琳仔細聆聽，理解她老闆的需要、他有能力（與沒能力）做的事，成功說服她老闆加薪 12,000 美元以上。她說服老闆，讓他今年不用再拿出 7,500 美元加薪，給他一個機會留住她。

　　寶琳得到她想要的，甚至更多。她老闆也得到他想要的，甚至更多。她的「銷售」成功。

　　我住在美國南方的阿姨曾說，上天給人兩隻耳朵一張嘴，是有原因的 —— 我們應該多聽一句，少說一句。

　　當你試圖讓一個人給你想要的東西時，更是如此。你必須非常用心聆聽，聽懂對方為什麼要說可以、不行、也許。為了成功讓對方為你做一些事情，你必須十分認真聆聽，聽出你可以為對方做什麼。

　　大多數的人聽話只聽一半，我們很容易分心，講

話講到一半，經常中斷去看簡訊。別人在講話時，我們經常用公式化說法表達自己想說的話。

　　積極聆聽，確實了解自己可以如何填補他人需求的缺口，因為溝通沒有捷徑。如果你完全不能提供對方任何協助，那對方幫你的機會就會大幅減少。

專業祕訣

聆聽，是任何「銷售」的祕訣。

在你開口說話之前，在你對自己的需要提出請求之前，在你妄下任何結論之前，你都應該先聆聽。

　　事實上，你說話的重點，應該是對別人說的話做出回應。你最不應該做的事，就是一直重複你的推銷話術，只考慮到自己的需求。你的說話重點，應該是你可以怎麼幫助對方；如果你不了解對方的需求，就不可能說出這類的話。

　　仔細聆聽，能給你一些線索。

　　你會聽出下列這些線索：對方的心情是否很好 —— 好到可以對你的請求說OK；現在問好嗎？還

是晚一點再說？你可以做點什麼或說些什麼，讓別人
比較可能幫你？

　　你會聽出對方是否有任何理由，想要幫你（或不
想幫你）解決特定請求。聆聽有助於你蒐集需要的情
報，輪到你說話時，你才能夠說得漂亮、正中下懷，
用對的方式開口問。

　　先聽再說，你說話的內容就會是回應，回應別人
告訴過你的事，這樣你說話的內容就不會以自我為中
心，而是圍繞在對方身上。你說話的內容就會告訴對
方，你是否可以提供他們協助，讓對方知道，你可以
滿足他們的需求，因為你相當在乎，所以用心聆聽。

　　養成仔細聆聽的好習慣，有助於催生善意、溫暖
的感覺和信任。做法其實很簡單：先聽再回應，就這
樣。許多專業銷售人員在這一塊的表現很差，結果也
不成功。

　　老實說，有些業務太躁進了，根本就不知道你是
否需要或想要他們的產品或服務，大費脣舌，就是一
直講一直講。他們告訴你為什麼應該要買，但真的不
知道你是否需要。

　　就算你迫不及待想告訴別人可以怎麼幫忙，但傾

聽也要成為你做的第一件事。這是你獲得你想要的事
物的祕訣，這些事包括：新客戶、第二次會面、一筆
交易、加薪、一間更大的飯店房間、和一位忙碌的經
理開會。

　　用心聆聽，為了理解而聆聽，為了同理他人而聆
聽。用心聆聽，因為你由衷感到興趣。

　　我銷售成功的祕訣在於，我真心在乎別人要說的
話。我擔任顧問和銷售培訓師成功的祕訣在於：我真
心在乎幫助我的客戶。

- 我仔細聆聽，不是因為我被迫要聽，而是因為我
  想聽。
- 我天性好奇，我真的希望能夠幫助別人。
- 而且，人們信任我。建立信任關係，是得到 Yes 的
  途徑。

　　建立信任關係的意思是，客戶相信我絕對不會推

銷售切莫躁進。先聽，再回應。
多聽一句，少說一句。

銷他們不需要或不想要的東西，那是我對他們的個人承諾，也是我的個人品牌。

如果你假裝自己有興趣，別人會知道。眼神、語氣和回應，都會洩漏你正在假裝。

如果你聽到自己有共鳴的故事，就說出來。有同理心，分享你自己的故事，這樣對方會知道你真的懂。

如果有人一整天都在聽失望的顧客一直抱怨，覺得頭昏腦脹、有點累，讓你想起某天你也曾發生過類似的事，你可以告訴對方，你也有過類似的經驗。告訴對方你不是在抱怨，告訴對方她其實處理得很不錯。

這個人也許是飯店櫃檯、你前往開會的公司接待人員、你帶客戶去吃午餐的餐廳女老闆，或是在電話另一頭你們公司的資訊部人員，無論對方是誰、你的需求是什麼，請先聆聽再回應，展現你的同理心。

最佳實務：

- **給予**。然後取得。
- **請求**。不是強求。
- **先聆聽**。再回應。
- **真誠**。建立信任關係。

觀察：用心看，再決定要怎麼做

接下來要說的這個故事，現在聽會覺得有趣，但在我朋友卡莉擁有千載難逢的機會獲得創投業者投資的這一天，絕對不有趣。當時，她剛創辦一家辦公室共享公司不久。

卡莉是天生的企業家，十年來為其他新創公司工作，學到從零創辦一家企業的大小細節。約莫六個月前，她創辦了一家小公司，雇了幾名律師、遠距工作者，以及其他負責出租辦公空間、行政協助、影印服務、安排接待人員的專職人員。

公司很成功，她想要擴編，於是她和投資者接觸。在得到十幾次「不用了，謝謝」的回應之後，終於有家資金雄厚的知名公司有點興趣了。

她安排週五早上要竭力推銷。

結果，出席的人宿醉嚴重，猛灌水，把阿斯匹靈當成薄荷糖一樣服用，還猛揉眼睛。他訴苦，表示自己真的很不舒服，但還是請她開始發言，介紹她的公司。

卡莉拒絕了，這真的很大膽。她知道這次是自己的大好機會，但如果她向處於這種狀態的投資者推

銷，她就不會有機會了。

　　她很有禮貌地對這位投資者的不適表示同情，然後堅決但友善地提出重新安排一個他比較不會分心的早上時間，這位投資者不情願地承認卡莉是對的。

　　當時不是進行討論的好時機，他身體不適，無法好好聆聽、協商條件。

　　她在隔週一打電話給他重新安排時間。他覺得很不好意思，以感冒為由解釋自己的行為，並且同意另一個開會時間。

　　無論你要向一個人提出生意往來、要求幫忙或加薪，請先衡量一下這個人當下的狀態和你們所處的環境條件，這是非常重要的步驟。有時候，當下就不是一個好的時機。

　　有時候，這個人沒有權限同意。有時候，你已經知道答覆會是 No。

　　在尚未開口詢問任何人任何事之前，請先斟酌一下對方和整體的情況。要是你發現苗頭不對，就立刻更改你的計畫。

　　看到這裡，你已經明白獲得你想要的東西 ——「銷售」，關鍵不是圍繞在你的身上，而是了解你要

「銷售」的東西，對對方具有多大的價值，並且釐清你擁有什麼條件，可能對別人有價值。這是一筆交易，重點在於創造雙贏的局面 —— 為你，以及你希望可以幫你的人。

聆聽有助於你釐清自己可以為對方做什麼；衡量對方當下的情況，有助於你判斷是否提出請求，以及如何提出請求。

這是重要的一步。沒有什麼事比在錯誤的時機問或是問錯人，結果得到No的答覆更令人失望的了。一步錯，全盤皆失。

這個步驟強化了我為非業務人員提出的五步驟銷售流程的核心概念：「銷售」，是「施」與「受」並重。

在你決定是否向對方請求協助、支援、見面、加薪或其他任何事之前，請留意對方當下的狀態。

請務必了解，當你帶著請求與人互動時，方法絕對不是一體適用。

丹妮爾管理的員工有八個，在管理風格上，她確實需要幫忙。她有自己的辦公室，同事都在附近的辦公室隔間中工作。

丹妮爾是個有強烈動機的人，每當有任務要完

成，她會埋頭工作，直到任務完成後才會抬起頭。如果一整天都很忙碌，她會從電梯一路直奔辦公室，關上門，這樣她才可以閉關趕工，不受打擾。

當然，這套慣例的問題就是，丹妮爾本來應該監督八個職員；但因為關上辦公室的門，眼睛直盯著電腦，她根本沒有關注到他們。

她經過他們走進自己的辦公室時，甚至沒有道早安。

他們經常需要丹妮爾參與，但往往害怕在她進入最佳狀態時打擾到她。他們已經觀察到，如果在中途打斷她，她會露出不耐煩和忙得不可開交的樣子，但是他們真的需要她。

於是，她的團隊聚在一起，想出了一個計畫。唐納德是這個團隊的資深成員，也是丹妮爾明顯喜歡與信任的人。他向她解釋問題，提議一套做法：在同事因為害怕打擾丹妮爾而不敢接近她的日子，唐納德會來敲敲門問她：「妳還好嗎？」，這就是「妳為什麼不和我們說話？我們做錯了什麼事？我們今天可以進來問妳問題嗎？」的暗號。

從此，這就是他們觀察、衡量丹妮爾狀態的方

式。如果有人要在她的「閉關日」尋求指示、問問題、發牢騷，或是因為其他理由需要她參與時，唐納德會來敲敲她的門，問她是否還好？然後，丹妮爾會讓他知道，同事來找她方不方便。

　　事實上，如果有人顯然沒心情聽你說話，當時找對方幫忙就沒有意義了。所以，請記得務必先衡量一下對方的狀態。

專業祕訣

和同事建立連結很重要，重點是你要夠「平易近人」。當人們在你身邊感覺安心、知道他們可以做自己時，有助於建立信任關係。

　　喔，對了，我要說一下，如果丹妮爾是我的客戶，我會指導她如何更平易近人。

　　如果你是一個夠敏銳的觀察者，有時你可以讓一個人的心情，從緊繃變成樂於合作。

　　不久前，我為五天的出差行程預訂了飯店房間。當我抵達飯店時，只有一名接待人員在櫃檯，大概有

十五個人排隊等候登記住宿。我希望說服那位接待人員，幫我的房間升級到附設簡便廚房的更大房間。

於是，我衡量了一下現場的情況：在我前面排了十五個人，輪到我的時候，那名接待人員極有可能已經很厭煩、感覺疲倦，我該怎麼做，才能說服她同意？或者，我應該連試都不用試？

我看得出來，這名接待人員忙得不可開交。我觀察到她很累，相當焦慮，沒有真正和客人進行眼神交流。她就像丹妮爾一樣，埋首工作，專注於盡量有效率地為客人登記住宿。此外，她看起來似乎心情很差。

也許我不該請求任何事，但最後我還是要試試看。我知道，我應該有技巧地提出請求，畢竟我從未企圖逼迫別人，那不是我會做的事，我不會命令別人，也不會以自我為中心。

這件事要以她為中心。

輪到我了！我說她真忙，她承認今天下午特別忙。

我讚賞她的應對方式，告訴她，換作是我在她的位置，我對人的口氣一定很凶。然後她說，她必須節制。

我告訴她：「妳比我厲害多了。」

她笑了，我也對她微笑。

我想，她會需要放鬆一下的時刻。這是她需要我的地方，而她的心情確實也放鬆了。

我告訴她，接下來我要住五天，我們兩人見面的頻率會很高喔！她又笑了。

然後，我提出房間升等的請求。我問她，是否可以幫我？我表現出我確定她有這項職權，讓她明白她能夠幫我很大的忙。

她竟然說：「沒問題。」其實，就算她沒幫我，最起碼我也試過了。

如果我沒辦法逗她笑，就不會向她提出任何額外的請求。我也許會等換班，等輪到另一名接待人員上工來幫我 —— 在他還沒有幫客人登記入住、工作長達八小時之前。

下列這六點，可以幫你衡量一下各種狀況：

- **開口之前，先觀察。**花一分鐘評估情勢、對方的心情，以及你獲得Yes的機會。
- **真正做到以他人為中心。**閒聊的話題圍繞在對方和他們的處境上。
- **考慮你可以「交易」的東西。**你可以讚美接待人員

嗎？要稱讚對方工作勤奮，把事情做得很好嗎？還是安排一個對對方有利的會面呢？即使接待人員不同意你免費升等房間，但這也許能夠取悅她。僅僅這麼做，你就能獲得豐厚的回報。

- **觀察肢體語言**。對方是真笑，還是假笑？對方有眼神上的接觸嗎？她看起來是真心想要協助房客舒適入住，或者只是想讓他們盡快離開大廳？

- **這真的是最佳的請求時機嗎？** 對方看起來今天好像過得不大順心？排隊人龍很長嗎？

- **這個人真的是提出請求的正確對象嗎？** 找錯人，就無法獲得你想要的事物。

　　每次你有機會「銷售」，無論在商務或比較私人的場合中，請先衡量一下別人的狀況。

開口之前先觀察，釋放善意，以對方為先。

交談：放輕鬆，從閒聊開始

交談之前，先仔細聆聽和觀察，你說話的內容就會變得比較有意義，和對方更有關聯性。當然，要做到這點之前，你得先開啟對話。

和陌生人或不大熟的人交談時，你其實有很多機會可以「銷售」自己和公司。

在介紹之前，你可以閒聊。我很愛閒聊，多少都會小聊一會兒。有人說，對我來說沒有人是陌生人，因為我跟任何人都能夠閒聊。我想，這是因為我發自內心對別人感到好奇，對他們的故事感興趣。

無論是在生鮮超市、星巴克、機場、電梯……任何地方，我都能夠與人交談。我搭來福車（Lyft）會坐在前座，這樣才能夠和司機整路持續對話。在工作聚會和派對上，我會和人閒聊。而且老實說，這讓我們公司接到很多生意，我幫公司接到很多生意，是因為我請別人告訴我他們的故事，我也告訴他們我的故事。

想要建立信任關係，你必須仔細聆聽和觀察，還需要交談。

說到這個，我的美髮師是個閒聊大師，簡直就是

專業級的。我第一次遇見他時，是在機場。

　　我有一頭長長捲捲的金髮，當時我才剛搬到舊金山，正排隊等著登機返家。他問我，是誰幫我染的頭髮？

　　我噗哧一笑，這是天生的。

　　他說自己是美髮師，遞了一張名片給我。我們聊到舊金山，我跟他說，我在那裡還沒有認識什麼朋友。

　　他說：「妳現在認識了啊！」十四年來，他就這樣一直都是我的美髮師，兼我的好友。

　　就算對方是陌生人，交談能夠幫助你建立信任關係和信心。你愈早學會和不認識的人閒聊，就愈早擴展自己的機會。

　　不久前，我參加了一個會展，我和同業一起出席了一場約有三百人參與的招待會。他在這種場合都很不自在，當我四處認識新朋友時，他找了一個位置坐下來，端著一杯酒慢慢喝了一個小時。

　　當晚會快結束時，我大約蒐集到一打名片 —— 和人閒聊彼此公司交換來的。回到工作崗位之後，我打了幾通電話做後續追蹤；兩週後，其中一人請我們公司協助指導他們公司非業務部的同仁，學會如何辨認

「非正式銷售」的機會，幫公司帶進更多業務。

　　由於我朋友沒有蒐集到任何名片，所以他後續沒有追蹤任何人。他從那場招待會獲得的，只有一杯酒。

　　當然，不是單憑閒聊就能夠建立信任關係，但閒聊可以展開一段對話，進而帶來一段具有成效的生意關係。這是第一步，請邁出第一步，和陌生人交談。

　　你不必談論任何要事，你也不該談論任何私事。你可以小聊一下最近下雨的情況，或是今天隊伍排得很長。你可以讚美一下鞋子很酷，問對方背包是在哪裡買的。

　　無論什麼話題，總之你得開口。下次你再遇到同一個人時，可以談論更實質性的事情，這樣最後你們才可能進行更有意義的對話。久而久之，你們會愈來愈了解和信任彼此，帶來一段對雙方都有利的關係。

從簡單一句「你好！」開始，
培養、運用雜談力，
建立一段對雙方都有利、有意義的關係。

建立信任關係的起點,是簡單的一句「你好!」

你還是很害羞,不敢嘗試嗎?平時你可以找朋友練習一下,或是和你已經認識的人寒暄一番。

表現:態度和善,工作專業

無論同事或客戶多麼喜歡你、想和你做生意,一旦你累積壞名聲,這層有利關係可能就會粉碎。

在今天社群媒體的世界裡,你在公開場合做的事都不大可能祕而不宣、只有你自己知道,所以請留意你的一言一行。

在今天網路評價當道的世界裡,你和顧客的說話或合作內容,同樣不大可能完全保密,所以請以禮待客,善盡職責,給人留下良好印象。

我希望別人可以親切待我,所以我一直善待所有人。我希望我給每個人的印象是:我很親切、友善。我是在美國南方長大的,南部人總是很親切,待客真誠,熱情十足。

客戶回報我的親切友善,就是透過推薦、介紹和網路好評。我很感激,對這些廠商與合作夥伴,我也會在網路上給他們好評,當作回報。

我和許多人一樣，會在網路上發布很多評價。對於自己的親身經驗，我一向非常誠實。從挑餐廳到選擇醫師，我做的絕大多數抉擇，都會先看過網路評價。

不久前，我換了新的眼科醫師，當我還坐在候診室時，就已經在評價網站 Yelp 上發布了一條五顆星的好評。當時，醫師還沒有幫我檢查眼睛。

我剛進診所時，和這位醫師短暫打過照面。他握握我的手，自我介紹，要我叫他「提姆」，別叫他「醫師」，我也請他叫我「辛蒂」。我提到他在 Yelp 上的好評，他開玩笑說，寫這些好評花了他好長的時間。

他很親切、熱情又風趣，和我預期的眼科醫師，或會在忙碌診間看到的人完全不一樣。那次之後，我一直推薦他給所有人。

這位醫師當然不是「業務」，但他完全令我折服。我不僅在網路上寫了一條好評，也推薦他給我的朋友。

這就是「銷售」。

請留意你對待客人和其他人的方式，現在有太多人在網路上寫評論，而且都有影響力。很多人都像我一樣，會看這些評價來決定要選擇哪一家，避免踩雷。

　　無論是醫師對待患者的方式，還是你對待顧客的方式，都和「銷售」有關，即使你們都不是業務專家。

　　知道自己工作做得好的專業人士，永遠都不必擔心網路評價。

　　我認識一位房屋裝修設計師，他會請客戶在網路上發布好評。他堅守優良的裝潢作工，在工程尾聲會寄一封email給客戶，附上美國居家服務評價網站Angie's List、Yelp和其他評價網站的連結，他有信心認為，客戶會給予好評。

　　谷歌（Google）2015年一項調查顯示，網路評價影響購買決策的比例高達67％以上 —— 意思是有超過一半的受訪者表示，網路評價對他們的購買決策很重要。

　　以前，顧客若有不愉快的體驗，可能會告訴幾個親朋好友，但現在他們可以在幾分鐘內，昭告全天下。

　　請注意你的網路形象，因為它會影響你的聲譽。如果你們公司沒有網路形象，你們必須認清這應該是必備的。要是你們沒有網站和活躍的社群媒體形象，可能會錯失不少機會。

個人品牌

　　想要建立好名聲，努力工作不是唯一途徑，你還有個人品牌要顧。無論你的名聲多好、花了多長時間建立，你都有可能在一瞬間毀掉它，以及你的成功機會。如果你在網路上發布了令人反感的內容，它可能會在一夕之間瘋傳；如果有人拍下你的惡劣行徑，也有可能會被傳上網路，你根本阻擋不了。

　　做好自我管理，注意自己的言行，留意社群媒體的貼文，因為再隱密的貼文，總是有辦法被公諸於世。

　　關於建立個人聲譽這件事，你絕對不能懈怠，因為它是你最寶貴的資產。

　　你為自己建立了哪一種聲譽呢？別人相信你是友好、可靠、誠實、勤奮、有趣的人嗎？他們認為你是看到朋友或同事有難，就會拔刀相助的人嗎？或者，你是因為抨擊別人、報復別人或痛罵員工而出名的呢？

善待他人，注意自己的言行舉止。
做好個人形象管理，你的名聲由你決定。

　　你的名聲，由你決定；你的聲譽，就是你的個人品牌。

　　小訣竅：讓自己成為別人想要幫助的對象，讓自己成為客戶、同事、上司和其他人會輕易說 Yes 的人。

步驟 ③ 動起來
───── 非業務完勝業務 ─────

也許，你的職稱不是「業務」，我敢打賭，應該有很多次你覺得自己比那些應該好好銷售東西給你的專職業務都能做得更好。

我一直遇到業務做得比專職業務更好的非業務人員，只因為他們友好、親切，能夠仔細聆聽、關注對方的需求、在乎別人。

每次你最不希望電腦或智慧型手機當機時，它們總是當機，你知道這種感覺。比方說，你和時間賽跑，必須趕工完成重要工作，或者你正在規劃一趟行程，正是最需要這些東西的時候。

那天下午剛好就發生這種事，我當時必須搭飛機從舊金山飛往紐奧良，準備在醫療照護服務機構的研討會上演講。畢竟，醫師也是業務員。

時間是下午三點半，我擬好演講大綱，打算利用當天其餘的時間排練一下。我晚上會打包行李，早點去睡覺，這樣才能夠準時抵達機場。

　　當我按下「儲存」鍵，看見螢幕出現可怕的藍屏時，我大嘆了一口氣。

　　我的大綱，我的演講，我的計畫，我的下午，一下子全都泡湯了。

　　還好，我是百思買「技客小隊」（Best Buy Geek Squad）的會員，所以我趕緊收拾電腦衝到門市。

　　櫃檯的維修人員告訴我，可能是主機板出了問題，即使像我這樣的電腦白痴，也知道這聽起來不妙。

　　我當場說了：「不要、不要、不要、不要、不要啊！」

　　我告訴維修人員我的困境，我甚至不在乎他是否能夠救回我的電腦，我只需要我的大綱、其他幾份重要文件，以及一部新筆電。

　　下列是這位維修人員（非業務）做的事：他呼叫一位在電腦部工作的銷售人員，告訴他我很著急，並且明確說明我需要的服務——一台和我死當的電腦型號完全相同的筆電。他說，會在我

結帳購買新筆電時，試著救回我的大綱檔案。

　　我對這位維修人員真是感激不盡，但那名銷售人員幾乎搞砸他的工作。

　　他開始向我介紹一大堆的筆電，解釋每一部的功能特色。我向他表示，我沒有時間購物，我對舊筆電很滿意，只想用相同的型號替換。

　　但他繼續向我推銷，我覺得很煩。

　　所以我對他說：「我知道這是你的工作，但請停止推銷了。我很急，我知道自己需要什麼。」

　　我反而還得說服那位銷售人員按照我的意願行事，我希望他動作快，讓我快點買到電腦。很諷刺，對吧？

　　終於買好電腦以後，我拿過去給那位維修人員，請他盡快處理。他快速地向我解說，如果我購買特定的保固服務，他就有權限可以將故障電腦裡無法打開的資料更快轉移到新電腦裡。他問：「妳要購買這項保固嗎？」我說：「好！」

　　我相信他，因為他聆聽我的訴求，知道我需要什麼，看得出來我壓力大、很焦急。他正盡一

切所能，滿足我的需求。

　　當時已經是下午四點之後了，他的班只值到四點，他保證會解決我的問題才下班。

　　由於我在店裡什麼事也不能做，所以就先回家打包行李。

　　這位維修人員信守承諾，在下午六點半打電話給我，要我回去店裡，他已經把我全部的資料轉移到新電腦上了，不只有我的大綱。

　　這位維修人員承諾解決我的問題，取得了我的信任。整件事不是工作做得很糟的銷售人員，而是在慌亂時刻協助解決問題的非銷售人員，使我買單，帶進了一個終身顧客。

走心祕訣：聆聽、回饋、幫助

　　非正式業務在「銷售」這塊完勝專職業務的例子，我還遇過不少類似的。

　　我們在舊金山的公寓剛改建完成，如果你做過大規模翻修，或許就會明白我說的：可能出差錯的地方，必定出錯。

我來告訴各位幾個小故事。

到了該選擇廚房的流理檯面時，我有點不知所措，因為選擇實在是太多了！

結果，我的選購進度落後了，師傅預計一週內要來施工，我一片板材都沒選。我當天就必須做出決定。

我約了廚具店的一名業務，在我踏進店裡時，她請我等一下，她必須先服務完另一位顧客。

店內有另一名女員工，負責協調送貨，聽到業務要我等一下，就走過來對我說：「妳可以跟我來，不必等，我幫妳。」

我告訴她，選擇檯面對我來說實在吃力。

她真正聽到我的心聲。

她請我坐下來，問我喜歡什麼樣的顏色和圖案，例如：淺色或深色的，大膽一點或細緻一點的？

然後，她從展示牆上取下樣品，一次只讓我看兩個。如果我說喜歡其中一個時，她會問我喜歡什麼部分？如果我不喜歡，她也想知道原因。

我的話，她真的都聽進去了。

這些資訊給她一些往下的線索，她展示給我的配對愈多，愈接近我心中可能想買的樣式。她讓我感覺好安心，我再也不會覺得不知所措，我信任她。你往往會不禁信任花時間真正聽你說話的人。

接下來，她竟然說：「妳信任我去拿的樣式嗎？」

「百分之百。」

她帶我到倉庫，抽出一塊石英板。

我到這家店是為了購買花崗岩板，但當我看到石英板的那一刻，我知道我要的就是它。

神奇的是，在我走進這家展示間時，我根本不知道自己想要什麼。但是，這名協調送貨的店員才和我在一起二十分鐘，就知道我想要的樣式。

而且，她知道我當天就要，沒有費勁跟我推銷一些必須預訂的商品。她知道哪些商品有庫存，更知道哪一塊比較符合我的心意。

它真的就是我要的。她真的了解我，我當場

就買了。

　　彷彿這樣的服務還不夠，她帶我到收銀檯結帳，請同事給我20％的設計師折扣。

　　成交！

　　而且是一次成主顧，她甚至還不是真正的「業務」。

　　職務上不是，但是以非正式職務而言，她知道她是。

　　我立刻在Yelp上寫了一條評論，大讚這間店和這位很酷的新朋友。我向所有來我公寓施工的師傅介紹這位女店員，推薦她給至少六、七個朋友和同事。我知道其中一個已經找她買東西了，還在Yelp上給了一條好評。

　　當職務非業務的人明白所有工作都是業務工作時，像這樣的事就會發生。

太急於求成，終將一事無成

　　關於我們家公寓的翻修工程，再講一段故事，我就停止。如果你家也改建過，就會知道麻

煩事總是層出不窮。

我們的公寓「超級舒適」，我這樣說的意思是：它真的很小。舊金山大多數的公寓都是如此。

所以，我們的家具就要用小一點的。

這個小故事的主角是一對同事 —— 一位是銷售人員，另一位不是，當天是這位非銷售人員挽救了大局。

你也可以做得到。

我為我們的小坪數餐廳買了一張新桌子，正在找合適的椅子搭配。

所以，我們去了家具行，我在門口遇見銷售人員，把自己正在尋找的東西告訴她。我讓她看了一張擺在展示間的椅子，我很喜歡，但我想要軟坐墊，而不是實木硬座，而且我想要較矮的椅背與特定的上光，我給她看了一張照片，簡單明瞭，對吧？

但是，打從一開始，我就覺得她沒有在聽我說話。

她開始給我看十幾個木片顏色，從深色到淺

色，但我已經決定好木材，也說明過了。

接下來，她帶我們穿越幾張茶几，喋喋不休地講著店內提供的所有尺寸。

好煩！

當她提到他們店為會員提供免費的設計服務時，我問如何成為會員，然後當場就加入會員。

在那一刻，我會做任何事來擺脫她。

不是因為她是很好的銷售人員，我才付費成為會員；我辦會員，是因為我不必再聽她糾纏，我想去跟可能會聽我說話的設計師交談。而且，我付錢達到我的目的了。

這位設計師聽了我對椅子開出的條件，她理解尺寸很重要，問了幾個問題，比方說，我比較喜歡鄉村風格或現代風格的？她說，我預先選擇的上光，在這家店有多種選擇。

當我告訴她，我偏愛低背椅時，她表示，選擇範圍大幅縮小了：這家店只賣兩款低背椅。

在這兩款當中選擇很容易；我當下就比較喜歡其中一款。

這樣很難嗎？

那位煩人的銷售人員，一直試著說服我買更貴的商品，因為她想抽更多佣金。設計師則是一直努力了解我的需求，這樣她才能讓我找到真正想要的商品。

當那位銷售人員繞了一圈回來看我的時候，我禮貌地告訴她，設計師正在處理我的訂購。

結果，我們買了四把椅子搭配餐桌，買了另外兩把放在寢室。那天，我們還買了一套寢室家具和幾張邊桌。這些家具，我們都是找這位設計師購買的。

假如沒有擺脫那位銷售人員，我敢說，我們在離開那家店時會是空手而回，極度洩氣。

設計師聆聽我說的話，但銷售人員根本沒在聽。她與我構築的信任關係為零，我感覺她好像在強推我一些我不想要的東西。

設計師聆聽我的需求，最後她抽到佣金，我們獲得想要的家具。

就算你沒有受過一天的業務訓練，如果你

仔細聆聽委託人、客戶、同事、上司或朋友訴說的需求與渴望，你的表現肯定也會完勝正職業務人員。

讓對方知道你有什麼可以滿足那些需求，萬一你什麼也沒有，請務必照實說。

我和無數的銷售機會擦身而過，因為我沒有產品或服務可以滿足我要銷售的對象的需求。

我和無數的銷售人員擦身而過，因為他們試圖向我推銷無法滿足我的需求的產品和服務。

向別人「銷售」他們需要的，不是你想要說服他們接受或擁有的。唯有傾聽，你才知道對方的需求。

面對失誤，正面處理

在我和我先生搬回美國東岸之前，我們必須租賃空間，寄放一些我們不想一起拖著橫越整個美國的家具和設備。

我到處尋找倉儲服務，我真不敢相信自己居然有那麼好運，竟然找到不必我們親自運送物品

過去，而且還可以幫忙整理、送貨上門的業者。

　　倉儲公司Clutter來到我們的公寓，為我們打包要寄放的物品，然後搬走。他們詳細記錄存物清單，拍下我們存放的每件物品的照片，以防我們在某個時間點需要任一物品。當我們搬回來時，他們在二十四小時內送回我們全部的物品。而且，此次為我們打理的人，就是兩年前搬走物品的同一批人。

　　安頓下來之後，我們發現，滑雪板並沒有送回來。於是，我打電話到該公司，接聽的人是失物招領處的員工，肯定不是業務，她核對過存物清單，並未看到任何滑雪板的項目。

　　她接下來做的事，讓我們成為終身顧客。

　　我本來預期這家公司會否認運送過我們的滑雪板，也沒有滑雪板的紀錄。

　　我做好心理準備，在她表示之前，我說我們寄放了滑雪衣、頭盔和滑雪杖，所以他們應該會有我們的滑雪板。

　　對方沒有否認，表示會找找。而且，在他們

尋找之前，還說萬一找不到，會賠償給我們。

　　他們真誠聽取了我們對此事的說法，爭取到我們的信任。當他們保證找不到滑雪板就會賠償時，我對他們的信任度立刻破表。

　　他們從未暗指我們說謊，從未懷疑過我們說的話，從未否認存放過滑雪板，也從未和我們爭論。

　　後來，他們找到我們的滑雪板了。同仁忘了在存物清單列入滑雪板，但實際上，他們也把滑雪板寄放到倉儲空間。

　　他們希望獲得我們的信任，也表現出值得我們信任的服務態度。

　　雖然我們不再需要倉儲服務，但我把這件事告訴每個朋友和同事，其中幾個也租用了他們的服務。如果我們將來需要倉儲服務，首先而且唯一會打的電話就是找 Clutter。

　　我對他們員工的信任，讓該公司贏得我的不斷推薦。

第7章

步驟 ④：勇敢開口問

我觀察到，很多人最難做到的事情之一就是：對自己的需要提出請求。就算他們真的相當渴望，就算他們絕對值得獲得，就算那是他們最想要的，就算他們得靠銷售為生。

下列這一點絕對是事實：如果你想要某樣東西——任何一樣東西，開口問得到的機會，比不開口得到的機會遠遠更高。

別人無法完全讀取你的心思，就算看起來很明顯，除非你開口提出請求，他們不知道你真正想要的是什麼。

　　我認識一個房地產仲介，或者應該說是前房地產仲介，他就是無法讓自己成交。

　　這個仲介很會與人交談、取得房源，也有很多客戶找他看房子，他們都很喜歡他，但他幾乎沒成交過任何一間。為什麼？因為他從來沒有直接開口問客戶要不要買房子。

　　他在等客戶說自己要買，但這種情形很少發生。他會帶他們看過一間又一間的房子，但從來沒有成交，因為他們都在等他問。結果，他沒有賺到錢，很自然就離開房仲業了。

　　當我們談到獲得協助、加薪、升職，或做成一筆好交易的時候，各位可曾留意到我們是如何使用「請求」這個詞的？我們「請求」協助、「請求」加薪或升職、「請求」給予折扣。

　　你必須提出請求，否則就無法獲得。天上掉下來的禮物，可遇不可求。

　　我當過專業傳播人、教授、顧問和業務，多年來，我觀察到，人們對於自己想要的事物不提出請求，主要有三個原因：

　　1. 害怕遭到拒絕。

2. 不知道如何提出請求。

3. 認為自己請求的事物並不應得。

在本章〈步驟④：勇敢開口問〉，我會向各位說明為什麼主動提出請求這麼重要，無論這項請求是一筆交易、一次幫忙、一份工作、升職、加薪、推薦，或是你想要的任何事物。

我會提出一些克服恐懼、幫助你鼓起勇氣請求的方法，還會介紹幾項實用的小訣竅，或許有助於你學會在正確的時機、用正確的方法開口問。最重要的是，我希望你能夠明白：在一生中，你想要與需要的一切，你真的都值得擁有。

恐懼：打敗你的心魔

大多數的人都很害怕被人拒絕 —— 恐懼至極，寧願選擇不面對恐懼，也不願開口拜託一個可能會說 No 的人。

史丹佛大學 2013 年一項研究證明了這點。該項研究發現，針對一項請求的答覆，大多數的人會自動認為應該是 No。此外，如果對方過去曾經給予我們 No 的答覆，那麼更是如此。

　　不過，這項研究也揭露了另外一件事：被請求的人對於給予No的答覆，很容易覺得內疚，尤其如果他們先前曾經拒絕過你的時候。

　　提到「請求」，有時似乎怎麼做都不對勁。你知道的，當我們開口要求加薪或推薦，或是請人幫忙時，想的可能是自己會不會給對方帶來太大的壓力呀？我們擔心對方會不高興、覺得麻煩、沒時間幫忙，甚至可能還得花錢來做我們請求的事。我們也會擔心自己的要求太多，即便提出的請求對對方來說相當合理，甚至他們可能很樂意為我們做。

　　我們太害怕了，所以乾脆不問。其實，被拜託的人也是很苦惱，害怕如果拒絕你，你會怎麼想？她擔心你會生氣、受傷，或再也不喜歡她了。她的思緒會一直牽掛著如果拒絕你，事情會變得何等尷尬？畢竟，她不想傷害你。

　　也許，你可以換個思維：不要預設答案是No，預期一個Yes的答覆，再來看看會發生什麼事吧！

　　我真的覺得，大多數的人其實都想要幫助別人，所以就提出來吧！讓他們有機會做這件事。請求他們的協助，而且，在你尚未對自己的需要提出請求之

前，不要預設別人的意向。

　　有個人，我一直努力說服他相信，提出請求未必這麼難。他就是我的朋友派翠克。

　　派翠克在職場上是個超級巨星，他早到晚退，專注於工作，構想都很棒，而且是個問題解決者。他熱愛工作，老闆也愛他，他把所有的同事都當朋友看。

　　但是他知道，如果在對手公司工作，他領到的薪水起碼會多三分之一。他猜想，公司有其他同事的收入比他高。

　　不過，他沒有開口要求加薪，而且過去五年來，他領到的生活津貼，也沒有像其他所有人那麼高。

　　他相信，只要老闆始終知道他表現傑出，應該就會幫他加薪。

　　但我不斷地告訴他，在現實世界中，事情不是這樣運作的。我問他一個問題：「在你小時候，你父母每年

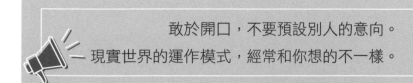

敢於開口，不要預設別人的意向。
現實世界的運作模式，經常和你想的不一樣。

都會增加你的零用錢嗎？還是你必須要求他們增加？」

　　他知道自己該做什麼事，但就是不提出請求。他太害怕了。但如果他不問，又不會聽到 Yes 的答覆。這是惡性循環。

　　我的朋友唐娜是獨立接案的網頁設計師，擁有碩士學位，以及長期和出版社工作的一長串履歷。她提到一個案主的故事，這個案主因為一件很有趣的專案打電話給她。對方和唐娜在講電話的過程中很投緣，他們共同為這項專案腦力激盪，最後同意合作。

　　這個案主說：「這項工作的開價是每小時 25 美元。」

　　唐娜一小時的收費通常是 100 美元，但她沒有很吃驚。外人似乎向來都低估設計師做的工作，大部分是因為他們不了解當中要下的功夫。事實上，唐娜已經接過不少案主的來電，他們提出的報價甚至比這個價格還低，有些報價甚至跟最低薪資差不多，當然唐娜全都拒絕了。

　　這次，她有三個選擇：答應、拒絕，或是談到一個介於 25 美元至 100 美元的價格。

　　她可以任由恐懼主宰自己的決定，答應這個遠低於自己平常收費的報價，只為了確保這項工作不會被

其他設計師接走。

　　但是她沒有，反而表示：「我的收費是每小時100
美元，如果你想雇用時薪低一點的人，我可以介紹其
他經驗比較少的設計師給你。」

　　唐娜其實很興奮自己能有機會接到這麼有趣的工
作，但還不至於興奮到願意壓低自己的技能和服務的
價值。她向客戶說明一小時支付25美元和100美元的
成果差異，比方說，品質和速度不同。唐娜十分專業
地議價，因為這一點，這個客戶最後同意支付一小時
100美元，並且願意調整之後的期待。

　　從雙方第一次互動之後，這對搭檔多年來一起合
作過好幾件專案。雙方都得到他們想要的：唐娜賺取
合理的報酬，客戶獲得物有所值的服務。

　　和唐娜一樣，你的報酬應當反映出你的價值，因
為你值得。我的建議是：勇敢說出來！

妥協之前，先問自己這三個問題

　　下次你決定勉強接受現有條件，不願爭取自己應
得的條件時，請先想想下列三個問題。無論你不願爭
取的條件是什麼 —— 更高的收入、更大的責任、董事

會上的席位、專案新增一名成員，甚至只是一台新的釘書機，這三個問題或許多少都能夠幫助你。

1. 如果我開口要求，我會得到什麼、失去什麼？

爭取加薪會害你丟掉飯碗，對你造成什麼不利嗎？當然不會。你害怕失去什麼？你的工作、你的生活、你的朋友、你主管對你的重視？請誠實檢視這個問題。只因為請求你知道自己值得的事物，你就要盤算失去某件有價值的東西，這究竟是實情嗎？

另一方面，請你思考：你可能會獲得什麼？更多錢？更大的辦公室？私人助理？絕大多數的時候，除非你提出請求，否則你不會聽到 Yes 的答覆。

別讓害怕被拒的恐懼，成為自我應驗的預言。對於一個不敢爭取的人，你覺得上司或客戶會給予多大的尊重？

掌握這點：聚焦於你想要和可能獲得的事物，不要過度在意你可能會有的損失。

2. 最糟糕的結果是什麼？

假設你提出請求，然後得到 No 的答覆，你想得到的最嚴重後果是什麼？

也許只是令人有點尷尬或失望，或者你必須考慮

另謀一份會支付你更多薪水或待遇更好的工作，當然
也有可能你必須繼續做這份令你感覺自己遭到低估的
工作。

　　這些都不會讓你感到開心，但也不會讓你失去工
作。這些不會讓你永遠不再開心，也不會讓同事對你
的方式有所不同，除非你告訴他們，否則他們連你提
出請求這件事都不會知道，你的上司不會告訴他們。

　　請記得自問：最壞的情況會是怎樣？發生機率通
常都不大。萬一發生了，真實意涵又是如何？這個 No
的答覆，將如何改變你的人生？

3. 如果聽到 No，我要怎麼做？

　　當你向主管請求自己需要的任何事物時，你可以
先做好準備，應對你主管可能會給出的種種回絕。考
量到每一種情節，想出一個解方。

　　萬一你主管說，今年的預算沒有錢加薪，你要怎

這三個問題能夠幫助你釐清自己的底線。
記得提醒自己，一次 No，並不是永遠都是 No。

麼辦？萬一他說市場低迷，你要怎麼辦？

檢視全局，把所有可能的拒絕列入考量。不要害怕持續請求，請拿出勇氣。

一次No的答覆，可能只是暫時的。一次No的答覆，經常代表「現在不行」，不是「永遠不行」。

勇氣：做足功課，有助於建立信心

在生活中，無論你做什麼事，如果事先做好計畫，你會做得更好。沒錯，我們又回到擬訂計畫了。我真的要特別強調做計畫的價值，因為你準備得愈充分，你就會愈有信心。你愈有信心，就愈不可能在你猜想快得到Yes的答覆時慌亂、打退堂鼓，輕言放棄。

對於重要請求的準備，我採取的方法就和準備重要的演說一樣 —— 先做好功課，研究我要請求的對象，以及我要請求的事項。

舉例來說，如果我想要一名律師為我最喜歡的慈善機構做公益服務，我會先了解這位律師過去是否協助過慈善機構、是否偏愛這個機構、他們公司是否有做滿公益服務時數的定額等。然後，在我們碰面時，

我就可以告訴他，做這項免費的法律服務，能夠滿足他哪些東西：他的公益服務時數、他想為社區服務的渴望，或者他原本就喜歡幫助這些機構的受助者，緩解他們因為疾病或特定情況所承受的逆境。

總之，我會做好準備，了解如何創造雙贏的局面。這有助於建立我的信心，因為我知道自己已經做好功課，有機會聽到 Yes 的答覆。

關於這點，跟大家說個小故事。伊莎貝爾是我的前同事，她在二十歲出頭時就擬了一項計畫，要在她的職業生涯中，盡可能去愈多國家居住。第一個國家是：法國。

她曾經住過法國，上了一學期的大學，所以會講法語。某年夏天，她曾在美國佛羅里達州迪士尼樂園扮演卡通角色，所以她決定應徵巴黎迪士尼樂園的工作。從書面資料上看來，她是這項工作的合適人選，於是該園區的人資就安排和她做一次電話面試 —— 用法語。

伊莎貝爾有一週的時間準備。為了提升法語能力，她開始和所有的人說法語。她還準備了一份重點清單，要在面試過程中提及，這樣她就不會忘了告訴

面試官她以前的經歷、她對迪士尼角色和產品的認識，以及她熱愛迪士尼的一切。她先查看面試官的社群媒體帳號，盡量獲得對方的資訊，也調整了她自己的社群媒體帳號內容，加強她和迪士尼的關連。

雖然她對這場電話面試相當緊張，但是到了電話響起時，她已經做好準備。她很有把握，她相信，一旦她向面試官提及自己擔任表演者、司儀和講者的技能，巴黎迪士尼樂園會想要她擔任園區的娛樂表演者工作。

他們確實這樣安排。她應徵上那裡的工作，並且持續做了三年，之後轉往亞洲，開啟她的下一段職涯冒險。

掌握這三個小訣竅，幫助你提升勇氣

如果你希望在提出下一次的請求時，擁有更大的勇氣，對於你請求的事物，你得先建立足夠的信心。掌握下列這三個小訣竅，可以提高你獲得 Yes 的機會，讓你更敢於開口提出請求。

1. 問對人。

有太多時候，我們真的就是問錯人。沒有權限答

應你的人，永遠不會給你 Yes 的答覆。況且你如果問錯人，那個 Yes 也不是你可以採取後續行動的可靠答覆。

千萬別以為，在企業中有實權的人，都可以答應你的請求。向財務部副總大力宣傳你出色的行銷構想，很可能成就不了什麼大事。

2. 把你的請求個人化，說明動機。

你比任何人都了解你自己和你的動機。把你的請求個人化，你也許就會感覺比較有信心。

你可以說明你提出請求的原因 —— 當一個人了解這件事對你來說為什麼很重要時，答應的機會或許就比較高。

這就是《先問，為什麼？》（*Start with Why*）這本書的前提，作者是自稱「樂觀主義者」的領導學專家賽門・西奈克（Simon Sinek）。他給我們的建議是：知道自己「為什麼」做一件事，和知道自己「正在做什麼」同等重要。

當你要求協助、加薪、推薦或任何事物時，確實就是如此。如果別人理解你請求的原因，比較可能會給你 Yes 的答覆。如果對方知道自己能夠從這筆「交易」中得到什麼，那麼他／她給予 Yes 答覆的機率也會

變高。

　　所以，你應該讓對方明瞭，Yes的答覆對你們雙方如何有利，下列有幾個重點：

- 說明你為什麼希望對方答應你的請求；若不答應的話，可能有什麼不利之處。
- 讓整個對話著重於：如果他幫你的話，可以獲得什麼好處。這種策略十之八九有效。
- 主動提議幫助對方哪些地方。
- 如果他請你幫忙，請支援，信守你的承諾。

3. 你的動機必須純正。

　　當我告訴各位，我成交的每一筆交易，都是對「買方」有利時，我可不是開玩笑的。

　　對我來說，「銷售」──甚至是我們在本書多次討論的「非正式銷售」──就是在幫助別人、讓某人的生活更輕鬆，或是解決他人問題的一次機會。如果

準備得愈充分，你就愈有信心。
問對人，說明動機，你的動機必須純正。

我要「銷售」的東西，不管是一項產品、服務或構想，在某種程度上可以減輕一個人的負擔，那就是我會「銷售」的東西。

如果我沒有這樣的條件可以提供，我不會假裝有。

如果我請某人中止和原先廠商合作，把生意交給我做，我有把握可以提供他更好的服務、更多關照，或其他利益。

如果我拜託客戶推薦我給他的同事，讓我們有機會合作，我保證提供最優質有禮的服務，讓我的客戶因為推薦我而有面子。

我的動機，永遠都是純正的。

措辭：以他人為出發點，明確地提出請求

提出請求的方式，和你請求的內容同等重要。

當你向別人請求任何事時，最重要的一點就是要記得：你是在「請求」，不是在「命令」，或是「吩咐」對方去做這件事。

此外，你要有信心期待Yes的答覆，這點也很重要。

我看過太多人開口卻失敗了，因為他們選擇的措

辭有誤 —— 他們是在「要求」，而非「請求」。

　　小心別變成這樣，提醒自己，千萬別犯下列這五種常見的錯誤。

1. 命令

　　貝絲是單親媽媽，平日要做兩份工作。白天，她擔任一家公司的經理；下班後，她在動物醫院工作。醫院的上班時間是從下午五點半，一直到晚上八點，等到大夜班的寵物照護員過來和她換班為止。然後，她要趕回家，才能在女兒睡覺前共度寶貴的一個小時。

　　但是，過去幾個月來，動物醫院這名大夜班寵物照護員崔娜一直遲到，有時甚至長達半個小時。因此，貝絲試圖說服崔娜上班準時，她試了三種不同策略。

　　第一種：「妳要開始準時上班，我得在八點半之前回家。」這一招無效。

　　第二種：「崔娜，我告訴過妳，每天晚上我得準時下班，這樣我女兒上床睡覺前，我才能夠看看她。請準時來上班。」這一招還是無效。

　　此時，貝絲恍然大悟，她不是在說服、請求或勸說，她是在強求，而強求是不會讓人買單的。採取強

求的方式，並不會說服人相信：給你想要的東西，對雙方都有利。

當你想要什麼東西時，請提出請求，但是你得先釐清對方如果答應，能夠得到什麼好處。

最後，貝絲明白，她必須查出以前準時上班的崔娜，最近為什麼每天都遲到？於是，她又試了下列第三種方法。

貝絲問：「崔娜，妳家裡一切還好嗎？我注意到妳有點晚來。」

貝絲沒有一副生氣的樣子命令她，反而表現出憂心和關懷。她確實如此，因為崔娜是同事，貝絲很關心她。

結果是，崔娜自己也有托兒問題。她選擇輪班工作，這樣在她上班時，她兒子可以睡在爸爸家。但是，過去幾個月來，這位爸爸晚上接小孩都不準時，結果崔娜要著急地打電話給鄰居和親戚，找人看顧兒子，所以遲到了。

現在貝絲知道崔娜的需求了，兩人腦力激盪出幾個構想，試圖為雙方的問題找出解方。

貝絲提出一些問題，幫助她了解崔娜的需要。一

旦兩人了解彼此，就更可能互相幫助。

　　就像很多人一樣，貝絲一開始只考慮到自己的需求，但如果你不關心周遭人的需求，你的「銷售」（或像此例在生活中遇到的問題），就不會有太大的進展。

2. 說法矛盾

　　卡門是攝影師，她提出請求時，採取的是截然不同的做法。她會說：「可以告訴我怎麼上傳這個檔案到新的網路上嗎？如果你很忙，就不必麻煩了。我自己想辦法，或許能夠搞定。」

　　卡門選擇的措辭傳達出的訊息是她很懶，並沒有嘗試自己解決問題，而是尋求其他人幫忙解決問題。實情是：卡門自己搞不定。她很聰明，其實自己已經試過了，找人幫忙是最後途徑。

　　卡門最好採取的做法，是先釐清對方幫助她能夠得到什麼回報，然後改成這樣的說法：「你可以教我怎麼操作嗎？我想，這樣比較方便你們在需要新照片時，可以在公槽上找到它們。」

　　她從比較長遠的益處請人幫忙。

　　雙贏！

3. 害怕冷場

璜在一家民意調查公司上班，他的工作是請求別人提供資訊。但很少人真正提供他請求的訊息，問題最可能出在他的問法：「我打電話是想請教你，在即將到來的選舉中，你打算投給A或B？」

每當電話另一頭的人停頓時，璜就會立刻填補冷場說：「如果你不想告訴我，沒關係。」或者，他有時會說：「如果這個問題太私人了，你不必回答也行的。」

璜沒有考慮到，也許電話另一頭的人需要花一分鐘時間思考一下，或是可能支持完全不同的候選人，或是因為接聽電話，工作做到一半被打斷。

璜必須體認到，他正在徵詢別人提供資訊，需要有足夠的耐心，給對方一分鐘決定如何回應。如果不這樣做，他這份工作就撐不下去。

他需要學會冷場也很OK，要等待對方答覆，給別人時間思考，也要想到對方或許還猶豫不決，需要再花一點時間。

不要急著填補空白。

把冷場當作一場比賽，誰先說話就輸了。

4. 避免開放式的邀請

　　拉賈和安妮塔在不同公司從事性質相似的工作，兩人在一場城市規劃會議的午餐上坐同一桌，一拍即合。

　　在職務上，拉賈負責的工作是說服政府同意更改用地──當企業想要建立的總部，在不允許大型建築物的地方時，他要提出論據說服州、縣和市政府在分區管制法律上允許破例。至於安妮塔，也是同樣要與這些政府共事，請他們給予這些公司賦稅誘因，獎勵它們為當地貢獻新的就業機會。

　　當他們聊到各自的專案時，拉賈察覺並向安妮塔表示，她有權使用的資料庫，正是他代表企業向地方市議會爭取需要的。午餐結束時，拉賈遞了一張名片給安妮塔說：「妳可以打電話給我，我們談談這個資料庫。」

　　安妮塔從未來電。

　　拉賈錯過他的機會，因為他並未提出請求。他要做的只是在遞名片給安妮塔時問她：「我週一打電話給妳，我們再多聊一下這個資料庫，可以嗎？」

　　直接請對方幫你，避免這種開放式的邀請。記

得：對自己的需要提出請求、做後續跟進，全是你的工作。

5. 一次就結束，不再跟進

伊莉莎是公司執行長的行政助理，負責安排活動，與會者經常是一些備受矚目的新聞人物，例如政治人物、運動員和諾貝爾獎得主等。受邀參加活動的人支付會員年費，只是為了獲得邀請，他們必須購買活動入場券。

執行長希望這些活動都能夠滿場，尤其是最傑出演講者的場子。因此，伊莉莎的工作之一就是：追蹤公司發送出去的正式郵寄邀請函，親自打電話給會員通知活動訊息，了解他們是否想要購買入場券。

她可是很擅長這項工作 —— 只要沒人接聽電話的時候。伊莉莎是語音留言的女王，她的訊息有說服

別害怕冷場，學會關注他人的狀態，明確地詢問，並且做好後續追蹤。

力、陳述明確、切中要點，對於任何想要回電或線上購票的人相當有幫助。

但是，伊莉莎認為自己是管理者、計畫者與統籌者，不認為這些提醒電話是在「銷售」，所以從未跟進聯絡。結果，她的成交量非常少。

提供別人資訊，包含如何購買的說明，不等於請求別人購買東西。

伊莉莎留下語音訊息後，就將客戶從自己的名單上劃掉。她應該做的其實是在幾天後，再打電話試著聯絡對方，這樣她就可以親自問對方是否購買入場券。

沒有後續追蹤，你會錯失大多數的「非正式銷售」。

四步驟請求公式

當我該直接提出請求時，我會遵循一套簡單的公式，這對你來說或許也會有用。

1. 先自我介紹。

你有機會達成的「非正式銷售」，十之八九會是和已經認識的人。但如果你是向不認識的人「銷售」，請記得先介紹自己是誰。

除了名字之外，請提供一些細節，例如：「嗨！我是辛蒂・麥高文博士。我們三月份在 XX 晚會上見過面，我今天想起你了，因為我記得你說你真的喜歡……。我想介紹你一個活動。」或者「我叫辛蒂・麥高文，我是你們公司飛行常客俱樂部的會員，我想請你幫忙一件事。」或者「我是麥高文博士。我朋友馬克說，您也許願意和我聊聊如何找到出版經紀人。」

2. 讓對方感覺自己有權做決定。

在自我介紹之後，為了增加對方聽你「推銷」的意願，請先認同、讚美他們的一些事。比方說，她戴的胸針是你見過最閃耀的嗎？告訴她。你很喜歡他穿的西裝嗎？說出來。一些恭維（只要是真實的），有助於提升對方答覆你 Yes 的機會。

其實，不一定總是恭維，重點在於：讓對方覺得自己握有主導權。

下列是一個例子。

我朋友葛瑞格的工作出差量超大，租過的車子也不少。在他請求租車服務升級之前，他總是能夠讓對方感覺自己是那個有權力決定的人，他簡直就是大師

級的。

　　他會說：「今天『他們』把我放到哪一種車上？」租車業務會告訴他。

　　然後，他會問：「『你』可以把我放到哪一種車上？」

　　葛瑞格說，疲憊的出差人士很少留意到幫忙登記的租車業務，但他不是，他會讓他們處於有權做決定的位置。他會認同他們身上的權限，表現出他知道他們可以做決定的樣子，請他們「幫忙做決定」。

　　對很多經常遭到漠視的人來說，這可能會讓他們一天的心情變好。能夠獲得這樣的「恭維」，讓租車業務有足夠動機給葛瑞格一些回報。

3. 主動提供協助。

　　即使你是提出請求的人，提供一些回報也很重要。如果你夠仔細聆聽，就會聽出對方的希望或需要，你不該害怕提出解方。

　　舉例來說，為了某項服務來找你的顧客，可能會跟你透露一個問題，你或許可以介紹她另一種完全不同的服務，解決她的麻煩。如果她買單了，你們雙方

各自滿足需求。

如果你有解方可以填補他人的需求缺口，請聚焦在這個部分，而不是你會獲得什麼好處。

如果你要向剛認識的人「銷售」，請回頭看一下第6章，仔細聆聽、觀察別人當下的狀態、進行談話、建立信任關係，直到你知道要向對方介紹公司的什麼產品比較好，以提供對方協助。然後，請你善用語言技巧，開始「銷售」：「我們公司有一項服務，我知道可以幫你解決問題。你想要註冊看看嗎？」

4. 對自己的需要提出請求。

就像前文說過的，開口提出請求是比較困難的部分。但是，當你從真心想要幫助別人的角度出發，找到適當的措辭去請求別人，就會變得比較容易。

「我可以提供這項服務，幫你解決這件事嗎？」

「你想試試看嗎？」

「我們有這個榮幸，邀請您到我們的年會來演講嗎？」

此外，當你以感恩為出發點時，要找到合適的措辭也比較容易。就算你還沒有「完成交易」，想想如

果對方給你Yes的答覆，你會有多麼感激啊。帶著這個想法選擇你的措辭：

「你願意幫我嗎？」

「我可以請你幫個忙嗎？我真的需要你的協助。」

「如果你可以幫我，我會十分感激。」

我合作過的非業務、甚至一些專職業務，不斷地請我提供他們一些腳本，讓他們學會如何進行「銷售」。我拒絕了，因為真誠的請求，從來都不是按照腳本唸的，它是一場對話的結尾。

綜合應用

所以，按照這四個步驟，一個成功的請求，聽起來可能像這樣：

「嗨，妮可！我是辛蒂・麥高文博士。妳還記得上個月在芝加哥的律師公會大會上和我見過面嗎？我真的好喜歡那場大會，妳是否也很盡興呢？

是這樣的，我不會耽誤妳太久的時間，妮可。我只是記得，妳看起來好像非常願意幫助妳的同事。我會記得這件事，是因為我

也是這樣的個性。我想知道，妳是否可能願
意幫我？我希望妳不介意把我介紹給妳的行
銷副總……。」

專業祕訣

讓所有的「交易」充滿人情味的互動。千萬別忘
了，和你「交易」的每個對象都是人，所以你對
別人說話的方式，應該就是你希望別人對你說話
的方式。

你有資格提出請求

有這麼多人對於自己想要、需要的東西不提出請
求，有個很重要的原因就是他們不認為自己值得。他
們勉強接受目前所擁有的，妥協別人開出的條件，儘
管內心大喊「我要更多！」，嘴巴上還是說「OK！」

我不會勉強自己妥協。我對自己的需要提出請
求，雖然不是每次都能夠達到目的，但大多數的時
候，我都能夠得到所求。我值得擁有，你也是。我很

清楚一點，如果我不提出請求，也許就無法獲取自己該得的。

你呢？你值得什麼樣的對待？當你已經有資格可以自己帶一整個班時，你甘願當個助教老師？你和另一位同事同工卻不同酬，領的薪水比較少，你有勇氣開口要求加薪嗎？為了得到你該得的，你願意做什麼呢？

你願意提出請求嗎？

一項又一項的研究顯示，人們沒有意願，尤其是女性。女性對於自己想要的事物，都不大願意提出請求。

美國經濟學教授琳達・鮑柏克（Linda Babcock）曾經問過院長，為什麼她任教大學的男研究生比較容易擔任首席講師，而女學生被指派的職務則是助教呢？答案很簡單：「更多男性請求。」

同樣的情況，也出現在成功談判到更高薪水的男性上，他們比較可能開口爭取，因此所得也可能比較高。

在《女人要會說，男人要會聽》（*Women Don't Ask*）一書中，鮑柏克和共同作者莎拉・拉薛維（Sara

Laschever）說明，有些女人甚至沒有意識到，對於別人提供給她們的條件，她們是可以再請求更高待遇的。有些人是不敢提出請求，因為害怕自己如果要求加薪，可能會得不到工作。或者，她們會猜想，如果膽敢對自己想要與應得的事物提出請求，可能會破壞自己與同事或上司之間的關係。甚至，她們已經記取到，社會有時會懲罰大膽說出自己想要什麼、需要什麼的女人。

對很多人來說，提出請求似乎是過於大膽的舉動，彷彿暗指，你值得現在所沒有的事物。對某些人來說，這或許顯得自負、自私，甚至貪婪。

真是這樣嗎？

為什麼我們不能對自己的需要提出請求，不能擁有自己想要的事物呢？有什麼特殊原因嗎？

對於說出「這是我應得」的人，為什麼要視他們為自大狂？

你確實值得擁有很多事物，但就像我朋友派翠克和本章一開頭提到的房地產仲介那樣，知道你自己應該得到更多，並不會讓你得到更多，你必須提出請求。

你得好好思考，釐清為什麼你會認為自己不值得

擁有你想要的事物 ── 至少是沒有強烈到想要提出請求。

　　如果你不知道自己有權提出請求，請容我告訴你實情：你可以提出請求。雖然我建議大家做合理的請求，但是你其實可以提出「更大」的請求 ── 超越別人可能願意開給你的條件。

　　檢視你認為自己值得擁有的事物時，可能會引領你面對一些痛苦的真相。

　　舉例來說，你或許會意識到，你為了一件得不到的事發怒，但其實這件事並非你應得的。因此，當你說服自己相信，你值得獲取你想要的事物時（請每天練習），也要確定你不是執著於你其實不應得的事物。

　　請誠實面對自己。你要的東西，真是你應得的嗎？或者，你只是在強求？你是否認為自己不配得到，所以不願提出請求？還是因為你很清楚，你就是不該得到？

　　我還是要重複一次：對於你相信自己應得的一切，你應該提出請求。但是，請對自己誠實：它是你應得的嗎？一旦你認清「真正應得」與「尚且不該得」之間的差異時，對於你想要、需要的東西，就更不難

提出請求。

　　要記得，Yes的答覆不一定隨之而來。就算你確實值得你請求的事物，也可能必須先證明你真的想要，而且有資格得到。

　　請帶著信心提出請求。別人對待我們的方式，是我們教的。如果我們都認為，自己不值得同工同酬，別人當然也會這樣認為。如果我們認為，自己不值得獲得想要的事物時，就不會提出請求。如果你沒有開口，你可以先檢視自己的信念源頭。如果你無法說服自己相信，就無法說服別人相信。

請先誠實面對自己，若是你應得的，
勇敢提出請求。

步驟 ④ 動起來
───── 做業務令人反感的因素 ─────

在聖誕購物季期間，如果你去過購物中心，就曾經體驗過我所謂的業務「令人反感」的因素了。

那是一種被人利用、令人討厭的感覺，當你花了太多錢買一大堆專櫃產品後有時會感受到；這些產品都是你絕對不需要，但是在俊俏的櫃弟花言巧語之後，在你甚至還來不及認清自己被蒙蔽之前，就被說服購買了。

那是一種憤怒，在你收到 15,000 美元或 25,000 美元的帳單時噴發 ── 你真的很想擁有（卻負擔不起）的假期計畫，在聽了強力推銷之後，竟然就一時衝動，買下了分時度假房。但一切為時已晚，因為你已經簽署文件了。

那是一種恐懼，在你雇了兩個開著皮卡車的小伙子來換屋頂板之後吞噬你。他們用了扣分的材料，那是他們為幾條街外的鄰居施工後剩下

的，而且他們拿了你的訂金就消失，再也沒有回來了。

所以，當我告訴你所有工作都是業務工作、鼓勵你「銷售」時，若你表現出反感，我一點也不驚訝。

用這種令人反感的手段「銷售」的人，有些是專職業務，其他的明顯就是騙子。整體而言，他們讓我們很多人都不相信業務，讓這個行業的信譽蒙羞。

不過，我要先暫停一下，告訴各位：我合作過成千上萬名業務，我可以向各位保證，絕大多數都很誠實、光明正大，銷售合法的產品與服務。

我知道，你可能不信，尤其如果你曾經因為一個無良業務（無論是假冒或正規的）而受害時。但這不表示，你就會用這種方式「銷售」。我不會用這種方式「銷售」，永遠都不會。

當我提出請求時，我會把它視為一項拜託、一次提案、我希望得到的事物，我不會強求、不猜測、不施壓、不勒索、不堅持、不賄賂、不威

脅。當我提出請求時，我會有禮貌、好溝通、高度配合，絕對盡我所能提供協助。

簡單一句話，我不做「令人反感」的事。

事實上，大多數的業務都遵循道德規範 —— 避免對任何人造成任何傷害，遵守法律、真誠交易、建立關係，以及待人要誠實、負責、公平、尊重、透明。

我遵守這些規範，我的發展也更長遠。當我還小、還不懂「銷售」這個詞的真正涵義時，我祖母教過我一項準則，我一直奉行這項準則：你想要別人怎麼對待你，你就怎麼對待別人。

我喜歡別人以善意對待我，我就以善意對待別人。

所以，當我「銷售」時，我的心態良善，不會強迫別人或對別人施壓。而且，我從來不向人推銷他們不需要或將來會後悔購買的東西。

我的業務品牌出名，是因為我「銷售」對方需要的東西，我向他們「銷售」問題的解方。如果我完全沒有對方需求或想要的東西，

我不會推銷。

　　若是這樣，我會選擇空手而回。我覺得這樣很OK，我寧願遵守職業道德，也不願意強迫推銷。

　　只有在我可以給予一些實質、有價值的事物當作回報時，我才會進行「銷售」。

　　我曾經認為，做業務很討人厭、虛假、不入流，很多時候也不道德。後來，我開始學習更多做業務的學問。一學習之後，我才領悟到討人厭的推銷，並不是在做業務。討人厭的，是極少數無良的業務。

　　我盡可能遠離這樣的人，我不會做出他們那樣的行徑。我做業務不像他們那樣，我不會和他們往來。我不接受他們成為我的客戶，也不會跟他們合作。

　　我做業務的特色，是以建立人際關係為主軸。我相信，我的謀生之道，就是幫助別人。我看不出自己在其他任何工作上有什麼能耐，提供幫忙就是我擅長的事，也是我喜歡的事。樂於助

人，是我的天性和人格特質。

　　我實在太愛幫助別人了，所以「助人狂」（helpaholic）這個詞，實際上就是我的註冊商標。或許你也是，若是如此，「銷售」就是一種提供幫助的形式，那麼做業務「令人反感」的因素，或許就有可能消失了。

　　若你同意「銷售」是一種提供幫助的形式，你的行為就不會像一些討厭鬼那樣，誘購、說謊或施壓，要別人預支消費。

　　這是在「傷害」別人，不是在「幫助」別人。我的業務品牌特色是幫助別人，好名聲也是建立在幫助別人。當我的客戶推薦我給別人時，他們會說是因為我幫了不少忙，不會說是因為我成功推銷。

　　你也可以藉由工作「幫助別人」，請讓這點成為你的助力。

第8章
步驟 ⑤：繼續追蹤

　　每年秋天，在感恩節前的幾週，我都會待在家裡不進公司，關掉手機，整天就坐在餐桌旁。連續好幾個小時，我會寫個人的感謝短箋，給這一路上幫助過我的每個人：家人、老師、導師、老同學、朋友、客戶、廠商、上司和同事。

　　在每一張精美的感恩節賀卡上，我由衷地表達我的感謝。每完成一封感謝卡之後，我都會暫停片刻，只為了沉澱一下書寫的內容，繼續想著我寫這封感謝卡的對象。

　　有些卡片會寄送給多年來未見過面或沒有音訊的

人 —— 但他們每一年還是會收到我的感謝卡。

　　我非常認真看待在感恩節時特別表達「感謝」。要說有哪件事是我深信不疑的，那就是：我能有今天，並非靠我一己之力 —— 你也是。多年來，那些曾經支持我、教會我許多事、傾聽我抱怨、握住我的手，陪伴我度過傷痛與失望的所有朋友和同事，都為我如今過的這個幸福無比的生活，貢獻過一份力量。

　　我很感激，我也讓他們知道，年年如此。

專業祕訣

以書面形式表達感謝。傳簡訊、寫email和打電話很不錯，但最能傳達「我願意花時間在你身上」的方式，莫過於一張手寫的短箋。

　　我的銷售五步驟流程的最後一步，雖然叫做「繼續追蹤」，但我也會稱為「感謝」。

　　我由衷感謝我最愛的咖啡館裡的咖啡師，讓我平日的每個早晨，都因為笑容和開玩笑而朝氣蓬勃，就算睡眼惺忪、極度需要咖啡因的顧客大排長龍，逼他

加快工作速度的時候，也是如此。

　　我很感謝十年前服務過的一位客戶，持續介紹我的顧問公司給他的同事。我仍然感激研究所的教授，為我寫了很棒的推薦信，幫助我在學術界找到第一份工作。

　　此刻，我由衷感謝你閱讀這本書，謝謝你花時間探索這個嚇人的業務界。非常感謝你願意選擇我的書，更勝於你考慮的其他著作。我也要提前感謝你未來可能購買我撰寫的著作。

　　沒有人的一生是單打獨鬥的，如果你覺得感激，請大聲說出來。寄一封信、寫一張短箋、送一束花、握握手、給個擁抱、點頭微笑，隨你要用哪一種形式，就是要去落實。

　　無論「施」與「受」的哪一方，人都會對一丁點的感激之情，心懷感恩。

　　因此，當你達成本書探究過的任何一項「非正式銷售」時，別只是在內心欣喜雀躍，展現出來，說聲「謝謝你」、回報這份幫忙、給予讚美、提名某人去角逐獎項，把感恩之情傳出去。

　　一件臨時的「銷售」，通常會以三種方式結尾：

同意、否決或也許（Yes, No or Maybe）。

人人都想要Yes的答覆，但是就像我在本書描述的要點，這可能需要計畫、策略、耐心、善意與理解。而且，遺憾的是，就算做了這些事，有時你仍然會聽到No的答覆。

無論如何，還是要說聲：「謝謝。」

現在，你知道「銷售」，並非只關係到自己，或者你立刻可以獲得什麼好處。它關係到雙方之間的協議，而且無論現在或未來，雙方都是這場「交易」的受益人。

當你付出，就會「得到」一些東西。每當你得到一些東西時，你的真摯感謝不但讓對方知道你在道謝，也讓你們體認到雙方是多麼地仰賴彼此，那是一種令人敬畏與謙卑的感覺。

「繼續追蹤」這個步驟會幫助你了解：你對Yes、No或Maybe等任何答覆的反應，都可以預測下次你提出請求的結果。

無論你得到的答覆是Yes、No或Maybe，本章會教你最適當的回應方式。各位會從頭到尾聽我一遍又一遍地說：要感謝、心懷感恩，表達你的感激之情。

畢竟，沒有人是完全靠單打獨鬥成就一件事的。

當你得到Yes的答覆時

當你拜託客戶推薦、建議顧客或同業未來和你做生意、請廠商給你折扣、竭力遊說一項提案的時候，Yes是你會想要聽到的答覆。不過，太多人不知道如何接受這個Yes答覆的本質，它的本質就是：「好，你可以擁有你提出請求的事。」

因此，當你聽到Yes時，請停止遊說，開始表露感謝之情。

我認識的另一位作家在學習這項功課時，就有點尷尬。

她已經向一家出版社的發行人提出第二本書的構想，而她正在和這位發行人，以及之後會成為該書責任編輯的女人開會。他們在商討她的報酬。

我朋友覺得，幾年前她同意第一本書的價碼時，低估自己了。那是她頭一次出書，可能沒有她現在擁有的信心。所以這一次，她請求這位發行人和編輯將她的報酬調高約四分之一。

發行人看來是可以接受她的請求，但編輯有意

見。編輯表示，這本書的撰寫會比較容易，因為我朋友已經有寫第一本書的經驗了。

我朋友解釋，她第一次時「低估」了自己。雖然她沒有說出來，但如果報酬沒有提高的話，她就準備離席了。發行人一定察覺到這一點。

他答應她的條件，說「好」。

但我朋友繼續「銷售」自己，解釋在她撰述的議題領域裡，她的經驗豐富，還有她的第一本著作缺乏必要的編輯等。後來，發行人問了一個問題：「妳是不是得到妳想要的？」

我朋友說：「我得到了。」

「那麼就別再說服我們了，」發行人回答。

很尷尬，我朋友於是閉嘴了。

一旦達到你想要的目的，就欣然接受，說聲謝謝，停止遊說，然後開始為下一步做計畫。

我朋友得到她想要的，只需要說的話就是「謝謝」。

我們通常會努力爭取 Yes 的答覆，當這個令人垂涎的答覆到手之際，也是懂得適當回應的方法的時候。

我的出發點是感恩，這點你該不會驚訝吧？

在我的生長地，人們時常都在說「謝謝！」我

訂購影印紙，銷售經理收了我兩倍的費用，當他退錢給我的時候，我會感謝他。亞馬遜擱在我家前門的貨箱，被一個搗蛋的小孩偷拿走，當小孩的母親帶著他來歸還時，我甚至還對那個小孩說：「謝謝。」

　　無論你生長於何地，都會有人教你：每當別人送禮物給你的時候，都要說聲：「謝謝。」

　　當你請求幫忙、加薪、一份工作、推薦或第二次機會時，獲得 Yes 的答覆就是一份禮物，因此你應該說聲「謝謝」當作回應。

　　但真正的感恩超越言語，我總是說「感恩」是一個動詞，你應該「展現」、「表達」你的感恩。你應當成為心存感恩的人，並且總是帶著感謝之心行事。下列這幾個方法，當你得到 Yes 的答覆時，可用來表達你的感謝。

- **回報恩惠。**是否有人因為你拜託幫忙推薦，就介紹你的公司給一名客戶呢？下次你們公司無法協助的客戶，但這個人負責的業務可以時，就推薦回去吧。
- **回報 Yes。**這次幫你的同事、客戶或同業，下次若向你尋求專業上的協助，你的能力所及就答應。
- **迅速發一封 email。**和同意幫你的人交談之後，一回

到辦公室就馬上寄一封email。即使是電子形式,內容也要誠懇、真切。

- **手寫一封感謝函。**寄出你手寫的感謝函,這會讓你格外特別。你可以寫一些比較私人的事,表達你的衷心感謝。說明你感謝的原因,告訴對方真是幫了你一個大忙。

- **贈送禮物。**禮物只是聊表心意,比方說,我就會在星巴克或亞馬遜買10美元的禮物卡,再放進一部分的感謝卡中。有時,我會等到節日發送出去;有時,我會在聽到Yes答覆的當天就送上。

- **送花。**當你收到別人送到公司的豔麗鬱金香或水仙花而驚喜時,你的心裡有多開心?這種快樂,就是當你送花給別人時,可以為對方帶來的感受。

- **在對方任職的公司網頁上發布好評。**說出對方的名字,說明他們幫你做了什麼事。

- **在Yelp等評論網站上發布好評。**說明協助你的人有多讚,以及你和這個人的公司做生意是多麼愉快。

- **提供對方最新訊息。**如果有人幫你做一件事,他們自然會想要知道進展如何,請讓他們知道。

- **保持聯絡。**最真摯的感恩形式,就是保持友誼。它

讓對方知道，你不是只為了謀取一些東西才示好；也告訴對方，你不會因為得到自己想要的東西之後，就結束這段關係。此外，當對方有機會推薦你們，或者將來有「非正式銷售」的機會出現時，一直保持聯絡也會讓他們更有可能想到你。

「謝謝」不該代表「再見」。對我來說，它的意思是「我好感激你為我做的事，我很期待未來和你有更多的會面、交易與交流。」

對我而言，感恩是恆久的。若是已經無法和給你Yes的人繼續保持聯絡，那麼就把這份感恩的心情傳達出去，這也是一種真心的感恩表現。

接下來要說的這個小故事，說明當我們將「交易」當作一次性的時候，可能會發生的情況。

我朋友亞曼達背部受傷後，開始每個月去找當地一名按摩治療師麗奈特，所以就逐漸和她變得很熟。

當你聽到Yes，請開始表露你的感謝之情。

　　麗奈特為亞曼達做第一次的療程時，兩個女人一拍即合。自此之後，在麗奈特按摩亞曼達痠痛肌肉的每一個小時，她們就是有說不完的話。

　　最後，她們開始會邀請彼此去各自的家裡參加聚會，互相介紹自己的家人，甚至偶爾一起約去酒吧小酌。

　　麗奈特是自由業者，她決定兼差賣高檔的鍋碗瓢盆，賺取一些額外的收入。起頭時，她問朋友是否可以推銷鍋具，亞曼達和丈夫都同意。

　　她代表的公司有一項商業模式，要求兼職業務人員要造訪潛在客戶的家，使用防刮的不沾鍋具烹煮晚餐。於是，麗奈特就到亞曼達的家裡做晚餐。

　　老實說，如果不是朋友的話，亞曼達夫婦可能就不會購買這套鍋具，因為才只有少數幾件，就得花費一千美元以上。但這對夫妻都很高興幫助麗奈特開展副業。

　　作為交易的一部分，亞曼達有資格獲邀去參加每個月的烹飪課程，其中有額外的鍋具摸彩獎品，並且承諾免費給一個保證可以讓食物保溫的不鏽鋼碗。

　　亞曼達沒有收到邀約，於是打電話給麗奈特詢問烹飪課和免費保溫碗的事。麗奈特開始打迷糊仗，甚至

似乎在回避亞曼達。最後，麗奈特終於取得給亞曼達的邀請，兩人約好要在附贈免費保溫碗的課堂上見面。

亞曼達去上課了，但是麗奈特從未現身。亞曼達也始終沒拿到她的保溫碗。

而且，不知道怎麼搞的（亞曼達始終不知道原因），麗奈特不再回覆亞曼達的語音留言。亞曼達之後再也從未接到烹飪課程的邀約。

亞曼達感覺自己被利用 —— 麗奈特似乎從亞曼達身上得到她想要的，再也不需要其他東西了。

在這種情況下，「謝謝」就是「再見」。

所以，下列的事也不足為奇：亞曼達沒有繼續預約麗奈特的按摩療程，因為她實在太生氣了，兩人再也沒有見面。

在業務界，大家都知道一句合宜的「謝謝！」，可以創造一輩子的顧客。我們會說，麗奈特對亞曼達做的事是：騙到手後甩人。

你不需要是業務專家都知道，如果你對別人的方式就像「他們對你的價值除了鈔票之外，一點意義也沒有」，那麼你恐怕得不斷地向陌生人開發業務，因為以前的顧客大概都被你做跑了。

這就像約會永遠只有第一次，而且每次的約會都很尷尬；你從未真正了解任何人。

當然，你的目標是「銷售」，無論是正式或非正式的。但是，你更大的目標，應該是和這些人建立持續的關係，因為他們友善到願意幫你。而且，他們可能會友善到一次又一次地給你Yes的答覆。

除了前述這些，最重要的是，請務必履行你在「銷售」時所做的承諾。

如果你銷售的是產品，後續就要追蹤顧客，確定產品用起來沒問題，能夠滿足顧客的需求，就像你當初承諾的一樣。

如果你說服你的主管，你會做出優質的工作，因此爭取到專案，那你就要做出優質的工作。

如果你獲得別人推薦，爭取到另一家公司的業務，那你對待這家新企業就要像黃金一樣。做得好不好，不

人際交往，切忌過河拆橋。
請務必履行你在「銷售」時所做的承諾。

只影響到你的聲譽，也影響到推薦你的人的聲譽。

　　最後，當你得到 Yes 的答覆時，你可以把它視為提出其他請求的邀約。

　　正如我們在第 7 章討論的，你必須要有足夠的膽量請求你希望、需要與應得的一切。一旦你對某人提出請求、得到 Yes 的答覆，你很可能會再次聽到這個人的 Yes 答覆，尤其當你展現出真摯的感謝、保持聯絡，並且在對方上門求助時，回報了恩惠。

　　當我們接受別人的請託而幫上忙感覺很好的時候，或者當這樣做，會讓我們獲得諸如問題的解方當作回報時，我們對於自己喜歡的人，很容易給予 Yes 的答覆。

　　請善用這些良好的感覺，讓 Yes 的答覆變得更多一點。想要做到這一點（可能也是你所能提出的最重要請求），最好的方法就是拜託對方向同事、朋友、家人和其他人推薦你。當自己認識、信任的人說可以信任你，你比較容易獲得 Yes 的答覆。被推薦者才會為你敞開大門，否則你可能會吃閉門羹。

　　如果你信守承諾、心懷感恩、展現真正的自己，繼續和給你 Yes 答覆的人保持聯絡，你很容易爭取到別

人的推薦，而這些推薦都是重要的業務機會。不過，大多數的人都很害怕請人推薦，就像害怕開口要求加薪一樣。

請記得，「銷售」不會自動完成。大多數的人不見得會主動想要介紹一些對你有幫助的人給你認識，如果你不提出請求，等於白白錯失機會。

當你得到No的答覆時

拒絕刺痛所有的人，甚至是經驗最老道的業務。所以，對於像你這樣的人 ──「非正式業務」── 來說，得到No的答覆，可能會令你格外氣餒。然而，就像我們在第7章討論過的一樣，你會熬過的。

在大多數的情況下，拒絕都不是針對個人。我已經聽過無數次No了，但這並沒有阻止我為了下次、下下次的Yes提出請求。

我知道，如果我連問都不問，答案自然是No。如果我不嘗試，就不可能聽到Yes的答覆。因此，我甘冒這個風險，而現在的我聽到Yes的頻率比No更高。再者，當我真的得到No的答覆時，我也不會讓它阻礙我的成功之路。

　　有時，你只需要接受No就是答覆，但這不代表你
必然會失去這筆「交易」。

　　我並不是主動、積極分時度假房業務的粉絲，但
是我聽過一個業務專員的故事，留下了深刻的印象。

　　我有一個朋友擁有希爾頓度假大酒店的分時度假
房，可以在全世界度假。她很喜歡這種安排，在短短
的五、六年中，她已經付了兩次高昂的費用，升級兩
次所有權。這樣，她一年就有更多週數，可以使用分
時度假房。

　　每年夏天，她和丈夫在海灘上度假時，都要撥出
一個早上，耐著性子聽完一場業務宣傳，目的是要說
服他們購買更多時段。他們購買，是為了換得飯店的
紅利點數。他們離開時精疲力盡，感覺分時度假房公
司真的完全不關心他們快要背債了，而這種感覺會毀
掉他們至今在假期中獲得的美好體驗。

　　去年夏天，他們向業務解釋，就算他們很想購買
更多時間，但他們也只是為了紅利點數待著。他們提
到，秋天時住家必須花費兩萬美元搭蓋新屋頂，所以
他們這一年無法負擔再升級的費用。然後，這位業務
做了一件令人意想不到的事：在規定的業務宣傳時段

中，她把其餘的時間用來教他們如何使用飯店的紅利點數，延長可以度假的時間 —— 而且不需要升級。

她教他們如何累積足夠的紅利點數 —— 透過申辦飯店的信用卡，在每次入住飯店時都使用這張卡，這樣明年他們25週年的結婚紀念日，就可以免費在威尼斯分店度過。

這對夫妻離開時是帶著喜悅，而不是精疲力盡。我朋友還保留著這位業務的名片，這樣他們準備再升級時，就可以透過這位業務辦理，她會因此賺到佣金。

這裡要說的重點是，雖然這位業務聽到No的答覆，但是她傾聽到原因，所以並沒有窮追猛打，試圖消磨這對夫妻的精力，而是認清自己當天確實做不成交易。她沒有「放棄」這對夫妻，惡劣地對待他們，或是不理會他們，反而做到我稱為的「未來交易」（sale for tomorrow）。

她讓這對夫妻留下深刻的印象，而不是像以前的那些業務一樣，惹得他們不悅。她成功說服他們辦信用卡，每次旅行時就用這張卡，而不是每次都用不同張。透過這個方式，她為未來的升級服務奠下基礎。

前文提過，一次No，並不表示一直都是No，或

是什麼事都是 No。它只代表「對這件事是 No」，但也許「對那件事是 Yes」。請務必記得一件事：No 不一定表示「完全沒有機會」。

分時度假房的業務，讓一個令人難受的 No，變成對於申辦信用卡，以及「明年可能會升級」的 Yes。雖然這些都不是她當下爭取的事，但還是很棒的結果。

所以，當你聽到 No 的答覆時，我的建議如下：

- **樂於提供其他協助**。別忘了，沒有付出，就不會有收穫。
- **別抱怨**。正視現實，提供更好的「交易」。
- **別生氣**。感覺憤怒、不受尊重、怪東怪西和一直糾纏，永遠都無法讓 No 變成 Yes 的答覆。
- **面對挫敗要豁達**。你絕對不知道一個拒絕你的人，何時可能改變心意，決定打電話給你。此外，某人因為你提供的東西不適合他們公司，所以說 No，但你永遠不知道他何時會認識某人的公司最適合你提供的東西，還願意推薦你。

你永遠不會知道，一個 No 何時代表一個即將到來的 Yes，而且可能還是以你意想不到的形式出現。

因此，當你聽到 No 的答覆時，就要像聽到 Yes 的

答覆一樣，態度和氣、心懷感恩。請繼續和拒絕你的人保持聯絡，幾個月之後，再請求其他的事。向其他人講述關於這個人的好話。為了日後到手的機會，請將對方放在心上。

事實上，在大多數的情況下，No的答覆都不是針對個人。No不是針對你說的，對方的答覆並不反映你這個人是否值得給予Yes的答覆。大多數的時候，你會得到No，只是因為你提供的東西，對方不感興趣，或者負擔不起，或者時機不對，或者對方沒有權限可以給你Yes的答覆。

做事要做得漂亮，請學會採取前述那位分時度假房業務的做法：仔細聆聽對方拒絕的原因，然後看看你目前或往後是否擁有對方確實想要的東西。

最後，面對No的另一項小訣竅，就是不要表現出絕望。要避免這種狀況的最佳方法，當然就是避免讓

> 接受No。一次No，並不表示一直都是No，或是什麼事都是No，只是「現在是No」。

自己落入這種絕境。比方說，一件事要取決於他人給予Yes的答覆時，千萬別向上司保證你絕對可以辦得到。別人要說什麼、做什麼，全都是你無法全盤掌握的。如果你真的需要得到Yes的答覆，切忌孤注一擲，要做好向一個以上的人提出請求的心理準備。

我喜歡將每一次的No，想成「現在是No」。

當你聽到感覺起來像「不確定」的No時，最明智的做法就是設法釐清，為什麼你求助的這個人會拒絕你。所以，請提問，認真傾聽答案。

當你得到Maybe的答覆時

由金・凱瑞（Jim Carrey）主演的1994年喜劇片《阿呆與阿瓜》（*Dumb and Dumber*），有一幕總是會讓我發笑。金・凱瑞飾演的角色剛問他心儀的愛人，兩人最後在一起的機會有多少？

「不高，」她坦白說。

「妳的『不高』，是指百分之一的機會嗎？」金凱端問道。

「是百萬分之一的機會，」她澄清。

「所以，妳是告訴我，我還有一絲絲的機會囉？耶！」

　　我們可能就像金‧凱瑞飾演的角色一樣，經常誤以為 Maybe 是 Yes，但實情是：Maybe 通常代表 No，這就是為什麼我稱它是「遲來的 No」。

　　同樣意思的說法，還有「我會試試看」、「我盡量」、「我再看看」。

　　你還記得小時候父母曾經給你這樣的答覆嗎？

　　你可能問：「我可以買這個玩具嗎？」

　　他們回答：「我考慮看看。」

　　像這種含糊的答案，給了你能夠得到那個玩具的一絲希望，但是到頭來，你可能從未擁有。

　　「銷售」也是這樣。

　　如果你聽到 Yes 以外的任何說法時，這個答覆很可能就是 No——你也應該這樣看待。Maybe 或許未必代表永遠都是 No，但至少是「現在是 No」的意思，所以千萬別誤解成 Yes。

　　如果你聽到 Maybe 的答覆，請放慢自己的腳步，考慮下列這些做法：

- **不要立刻回應。**給自己一點時間，思考是否仍有辦法轉圜。
- **詢問一些後續的問題。**釐清對方為什麼不能答應，

站在對方的角度看事情。

- **藉由聆聽了解更多。**你還可以提供什麼好處，讓這個 Maybe 變成 Yes 的答覆？

- **再度請求。**如今，你有了這些新資訊，或許就是再度請求的好時機了。

- **不強求。**如果這個 Maybe 的答覆，真的很肯定就是 No，強迫對方同意是很糟糕的主意。這樣做，會讓對方和你都很尷尬，還可能損害你的聲譽，危及未來的交易。我從來都不會強迫別人將答覆從 Maybe 改成 Yes，因為我知道這樣根本就行不通。

痛苦經驗教會我的三件事

聽到 No 是很令人難受的，但這不會是你唯一學到的困難課題，下列是我從自己的痛苦經驗中學到的其他幾項真理。

1. 有時答案是 No，是因為說 Yes 會讓對方花錢、耗時間或費事。

除非要合作的這個人與你有特殊關係，或者虧欠你，否則你的請求在對方看來，或許根本沒什麼情理可言。請你感謝對方撥出時間，也要接受在這個當

下，你們雙方的「交易」就是不成。

2. 如果你的要求根本不可能，就別期待要得到Yes，或起碼是真誠的Yes。

只因為你覺得廠商應該可以在一小時內交付你需要的產品，並不表示他就可以辦得到。你要的產品可能在一個多小時的車程外，或者在你之前，他還有更多承諾必須先兌現，當然可能只是他的車子留在店裡。

不合理的期待，衍生自日益嚴重的理所當然心態。我們已經太習慣科技立刻為我們提供想要的事物了，但是在現實世界裡，做事的時間可能往往需要更長。

要有耐心，事先計畫，做好研究，先了解你提出的請求是否可能。

3. 如果你利用新學會的超能力──「銷售」的技巧，從負擔不起的人身上謀取你不需要的東西，之後是會有罪惡感的。

我總是聽到別人說：「能做，不代表你就應該做。」

我鼓勵你利用「銷售」的技巧，不是鼓勵你利用別人。很多人都認為（或許連你也是），業務經常利用別人。也許，你遇過無良的業務，曾經欺騙你、言而無信，或者死纏爛打強迫推銷，逼你超支時間、金

錢或精力。

這些完全不是我鼓勵的「銷售」策略。

對我來說，無論是正式或非正式的「銷售」，都應該合乎道德、透明且誠實，讓你覺得「付出和收穫一樣多」。

除非你真的很需要別人的幫助，否則千萬不要利用別人的善心；相反地，你要主動幫助別人。

如果你的「銷售」方法合乎道德，建立良好的聲譽，你的回報就是日後得到更多的 Yes。

Maybe 代表「現在是 No」，可別誤解成 Yes。
你可以想想如何得到其他的 Yes。

步驟 ⑤ 動起來
──── 良善、親切就是一大賣點 ────

　　本書涵蓋五個重要步驟和許多主題，它們的根基全是一項建議，我相信它能幫助你說服別人同意你想要或需要的一切：為人良善、態度親切。

　　當你對別人良善又親切時，他們會以信任、讚賞和 Yes 的答覆回應。

　　所以，你怎麼能不當個良善、親切的人呢？

　　當我和我先生搬到舊金山時，最想念的就是家鄉味。我們不時會渴望美國南方令人感覺療癒的食物：辣味炸雞、炸秋葵、水煮花生和玉米麵包。因此，當我們在住處幾公里的地方發現南方風味的餐廳時，簡直高興得不得了。

　　這家餐廳並非位於絕佳的街坊環境中，我們擔心它可能會因為地點，導致生意不大好，但老闆還是讓它維持屹立不搖。他是怎麼辦到的？很簡單：他為人良善又親切。

　　我先生是第一個發現這個地方的人，而且在

那裡吃了午餐。回到家時，他大讚這家餐廳，於是我們就在隔週末一起去光顧了。

進門時，老闆親自迎接我們。他認出我先生，記得我們的家鄉在哪裡。他推薦我們超美味的炸雞，在我們整個用餐過程中，他還親自來確認我們有足夠的辣醬和甜茶。

我們沒有點甜點，但他還是端來了：自製的鮮奶油冰淇淋。我感覺彷彿在我祖母家一樣。

一回到家，我就在Yelp上發布大好評。五分鐘後，我收到Yelp的通知，告訴我餐廳老闆已經回覆了。他提到，能夠再次見到我先生，並且認識我，真是太棒了！他請我們再度光臨。

我不得不說，他讓我感覺就像置身在美國南方的故鄉。光是一次互動，就讓我們成為一輩子的主顧。我們不時會去光顧，而且我們不是唯一如此的人，儘管餐廳位在不大安全的街區中，但沒有倒閉危機。

大家都喜歡去工作人員友善、待客有禮、樂於助人的地方。大家都喜歡去每個人會善待自己

的地方。為人良善、親切，有助於吸引人們回到你的身邊。

　　我朋友在她的辦公室掛了一幅標語：「你可以選擇在這個世界成為任何一種人，請當個良善的人。」我非常認同這句話，因為良善是絕佳的「銷售」工具，也是高效的「銷售」工具。

　　不管你要「銷售」什麼，「良善、親切」都會是你的賣點。請務必向別人「銷售」對的東西。

　　無論你身在何處或正在做什麼事，你都代表了你們公司。如果你工作時表現和善，但在其他地方很容易動怒，那也可能會影響你們公司，影響你成功「銷售」的能力。

　　你是活廣告，隨時都代表你們公司和你自己。如果你在下班後大肆批評自己的公司，你就是在「銷售」錯誤的東西——壞事總是傳千里，千萬別讓這種故事的主角是你或你的雇主。

　　如果你在別人和你互動時，一直盯著手機，你也在向他們「銷售」錯誤的東西。你的行為是在告訴他們：比起眼前這位，你更重視自己正在

傳簡訊的對象，或是你的手機應用程式。

專業祕訣

身臨其境。如果有人試著和你互動，請全
神貫注。不要請別人等你傳完簡訊或講完
電話，請即刻參與談話，而且互動過程要
專心。

　　如果你讓員工拚命工作，然後在假日用10美
元的禮物卡獎勵他們，你就是在「銷售」錯誤的
東西。你是在告訴他們：你很吝嗇、不懂得感謝
員工的付出，而他們或許老早就這樣想了。

　　當事情搞砸時，比起深吸一口氣後詢問事發
原由，或許衝著一個人發脾氣比較容易。當事與
願違時，比起說聲「謝謝你撥出時間」，並且在
離去前握手，或許氣沖沖離開房間比較容易。

　　然而，比較容易的做法，並非總是最好的做
法，為人良善就絕對是。

　　下列五點有助於展現你的良善。

1. 平易近人

在我家附近還有一個場所，是我下班後真的很喜歡打發時間的地方。它是一家時尚餐館，供應醇美的香檳和我最愛的起司。

當我和我先生搬到美國東岸時，要過很長的一段時間，才能夠再回到這間酒吧。當我們搬回舊金山，終於可以順路光顧這家店時，餐館老闆還為我們鋪上了紅地毯。他說，好想念我們。

但是那天晚上，一名新調酒師的工作態度一直不佳，惹惱了我們。用「無禮」來形容這名年輕人好像還不夠，他自視高人一等，一副王子樣，而我們好像是賤民等級，毫不重要。

所以，我們又沒去光顧那家店了，但這次是出於選擇。

不過，我們大部分的晚上，都會蹓著愛犬餅乾經過這家餐館。某天晚上，餐館老闆出來了，拿了一些狗零嘴給牠，說很想念我們。

他說，生意一直都很清淡。他問我們，為什

麼沒有再度光臨？

　　我告訴他實情。在餐廳和酒吧有將近二十名服務生、調酒師、廚師和清潔餐桌碗盤的人，大家工作都很稱職，但這名年輕人毀了他的一切。

　　沒有人告訴他這件事。

　　我是個外向的人，很容易和人成為朋友，所以和這個老闆輕鬆聊天沒什麼問題，但他的員工和其他顧客顯然不是如此。

　　也許，他們覺得這個老闆不易親近。

　　餐館生意由於一個調酒師趕跑客人，深受其害，但沒有一個人告訴這個老闆。

　　請保持平易近人，也訓練員工平易近人，這可以是你的生意基礎。

2. 展現真我

　　某一年的跨年夜，我先生和我計畫要外出和朋友共度。

　　就在前一天，線路工程師曾經過來修復我們故障的Wi-Fi。我們重新連線，設好路由器，電視

也都設定好了，但就是收不到任何訊號。

那天下午，我打電話到有線電視公司找人處理，他們給了一個可以在下午2~4點為我們提供服務的聯絡窗口，而我們必須在下午5點出門赴約。

這個線路工程師下午3:45打電話過來，說他的行程延遲了，會盡快趕到我家。我說「好」，但是我也告訴他，我們5點就必須出門。

他在來我家的路上，打電話請我描述我們遇到的問題。他問了很多問題，在電話上，他其實就有辦法判斷問題所在。

他在下午4:30之前抵達我家，我已經穿戴完畢，隨時可以出門了。但是，我先生才剛下班進家門，必須先去梳洗一番。這個線路工程師必須去的臥室，就是我先生通常整裝準備的地方。

我們本來以為他會拖慢我們的時間，但他保證不會耽擱。他為遲到表示歉意，說他處理好就會盡速離開。他在幾分鐘內就找到問題，還一一解釋採取的做法步驟，以及出現的狀況。

在我們等待路由器重新啟動時，他閒聊了

一下。他問我們的假期計畫，也告訴我他的假期計畫。

這個線路工程師很友善又風趣，看來就是我們想要結交為友的人。

即使我們在趕時間，也很氣惱前一天來的工程師所犯的錯誤，但我們很高興當天是這個工程師來幫我們。他進出臥室沒有幾分鐘，相當清楚我們所剩的時間不多。

他把問題解決好了，但是我先生還沒有準備好，於是他介紹我幾個遙控器的按鍵功能 —— 我全是第一次聽到。

等一切處理完畢，他向我們道謝後就離開。他留下了一張名片，請我們回覆一封之後會寄達的 email，email 會問我們對他的服務有何看法。

他在我們家的時間不到二十分鐘，但這是我和工程師交流最深入的一次，也是最愉快的一次。

他會觀察當下的情勢，做出回應。他沒有因為工程遲到而延誤我們，使得整個服務變糟。他很有個人魅力，也樂於助人。

他感謝我們耐心等候他，祝福我們新年快樂。

隔天，我填寫了調查問卷，給了他五顆星。

他當時並沒有向我們推銷任何東西，但他還是「成交」了，因為他說服我們改變對他所屬公司抱持的態度。

簡言之，他是公司的活廣告。

3. 言出必行

我的前同事查斯換了工作，他曾在一家小型的非營利組織擔任研究員，想嘗試在大公司工作。

他的新上司很精明能幹，即使是公司的研究員，也期望他們和客戶盡量簽下愈多新的合作案。查斯來尋求我的建議，他知道我提供這類諮詢服務。

在他換工作的幾個月後，我確實需要一名研究員，於是我打電話給查斯。我知道，如果他為公司帶進新客戶，一定會博得老闆很多好感。

查斯為我說明他可以提供的所有服務。他表示，他可以幫我做深入研究，撰寫一份詳細的報

告，提供我做重大決策需要的市場資料。能夠和老同事再度合作，真是太有緣了！

　　我實在很喜歡他的幹勁和積極的態度，於是便雇用他來做這項研究。

　　他向我收取 4,500 美元的費用，花了四週時間完成工作。後來，他用 email 把報告寄給我，頁數總共三頁。

　　這並不打緊，但報告內容沒有一項是我不知道的，僅僅觸及皮毛，真是令人失望。

　　我向他反應了這一點。又過了一週，他再給我另外三頁報告，內容大部分是圖表，報告同樣很不扎實。

　　從那次之後，我沒有再雇用他做更多工作了。

　　我不確定查斯是否對自己有能力履行的事，言過其實，或者他就是沒有花任何心力在我的工作上。但我不找固定合作的研究員，而是找他，那是因為要幫他。

　　況且，這還是我幫他的第二個大忙。

　　問題在於：他沒有履行自己的承諾。

　　對於一個願意雇用你、幫你、同意你的請求的人，最棒的答謝方法之一就是：做好你的工作，當作回報。

　　言出必行很重要，做不到的話，客戶或顧客永遠不會再和你做生意。

4. 盡心去做

　　不預期的友善，往往令人很難忘。

　　有一次，某家航空公司強迫我託運手提行李，但他們居然搞丟了我的行李，我永遠也忘不了這件事。結果，害得我沒有泳衣、沙灘長裙和涼鞋，「若有所失」地待在美屬維京群島的聖約翰島（St. John Island）上，整整三天。

　　我在飛機上是穿著瑜伽褲，對加勒比海地區的氣候來說，這樣穿有點熱。再者，穿瑜伽褲也不適合去高檔餐廳。在我們四處遊逛時，我得整天穿著它。

　　當時手機尚未問世，最後我花了75美元用飯店電話，一次又一次地打給航空公司。然而，我

的行李還是不知下落。

　　當航空公司的總機已經為我轉接到第七次時，我真的哭了出來。但第七次有結果了。

　　客服專員對我說，她很抱歉讓我應付這種事，電話還被轉來轉去這麼多次。她告訴我：「我會找到您的行李。」

　　其他六個人都沒有這樣說。我相信她。

　　她表示，在這段期間，我就先去買泳衣和沙灘長裙，她保證航空公司會賠償我。

　　她請我留下電話號碼，等他們找到行李時，她會打電話留言給我。這樣的話，我就可以先到海灘上去玩，不必耗在飯店房間。

　　一小時後，她打電話過來了。我的行李在鄰近的聖克羅伊島（St. Croix Island），由於有人寫在行李牌上的字跡不清楚，所以就送錯地方了。

　　因為所有的快遞員都已經離開，所以她當天無法送還我的行李。不過，她向我保證，隔天早上，我的行李就會出現在飯店 —— 它確實到了。

　　這名女員工不是業務，她在客服部。她解決

公司的問題，也化解了我的難題。最後，我拿到行李，也得到購買泳衣和沙灘長裙的補償。我寫信給航空公司稱讚她，因為她如實地擔起責任，溫暖協助了一個擁有不愉快經驗的旅客 —— 這未必是她必須做的事，但她就是擔起了責任。

這就是「良善又親切」的另一個真實案例。

5. 表達感謝

我又回到這一點了，因為真的很重要。

這些話我在前文中提過幾次，但真的值得重述。沒有人的一生是單打獨鬥的，在與世隔絕的環境下，沒有人可以成功。少了別人的幫助、為友和關照，沒有人能夠真正快樂。請讓自己身邊圍繞著你讚賞的人，仰仗他們、信賴他們，向他們請求協助。

而且，當他們給予Yes的答覆時，請心懷感恩。

你不必像我一樣，每年寄送一百張感謝卡，只需要說聲「謝謝」，並且慎重看待。

無論你聽到的是Yes或No的答覆，只要表達

你的感謝即可。

　　請當一個心存感恩的人。

五步驟總複習

現在,你知道我的五步驟銷售流程了,請好好善用。如果你需要複習一下,可以利用這兩頁快速參閱。

步驟①:計畫。你每天其實都在「銷售」,只是你可能沒有意識到。現在,你可以有目標地進行「銷售」了。

步驟②:尋找機會。留意各種「非正式銷售」的機會。這些機會無處不在,每天都會出現。

步驟③:建立信任關係。當你請求交易、支持或協助時,請先和對方建立信任關係。仔細聆聽,聽出對方可以從這項「交易」中獲得什麼好處。然後,你

付出，獲得回報。

　　步驟④：勇敢開口問。請你敢於開口，除非你提出請求，否則你不會得到。

　　步驟⑤：繼續追蹤。和幫助過你的人保持聯絡，就算你沒有獲得你請求的事，但對方還是花時間考慮了你的請求。記得保持聯絡，每隔一段時間可以問候一下對方，適時地說聲：「謝謝！」

　　所有工作都是業務工作，你的也不例外。

後記
銷售是所有人的日常活動

　　所有工作都是業務工作，而且每天上班前、上班時、下班後，你一直都在「銷售」。

　　你要說服小孩完成功課、好好刷牙，你要說服另一半去拿乾洗衣物，你要說服讀書俱樂部閱讀你選的小說。在你最愛的餐廳裡，你要說服店員為你端上沙拉，不是炸薯條。

　　生活，就是一場又一場的「銷售」。

　　在生活中的每一天，你都要試著說服別人去做某件事、請求他們幫忙，或者說明你的論點，希望能夠改變別人的想法。

　　這就是「銷售」，或者更具體一點的說法，我喜歡稱為「日常生活的銷售」。

　　即使你不是業務，可能也不想成為業務，但你一輩子都在「銷售」。

　　本書閱讀至此，你知道所有工作（包括你的），實際上就是某種形式的業務工作。你也知道，你的「銷售」不必採取強迫、低級或不誠實的手段。

　　你知道我分享的銷售五步驟流程，能夠讓你和對方都受益。在工作上，要和別人談判你希望、需要與應得的事物時，這套流程是一種高效的方法。

　　當然，離開工作場所，這套流程也能夠派上用場。

　　你可以善用本書學到的技巧，有效地做「日常生活的銷售」。

　　無論在工作上或私人生活中，要採取的步驟都一樣。

1. 知道自己想要什麼、需要什麼，然後擬訂計畫，達成目標。

　　花時間釐清你真正想要的事物，以及它們對你來說為何重要，你就比較容易說服別人幫助你獲得。事先想好計畫，有助於幫助你保持焦點、設定優先順序，準備好向人提出你的請求。如果你說不清楚自己

想要什麼，很可能就無法獲得。

2. 尋找機會，辨識出這些機會，好好把握機會。

「非正式銷售」的機會無所不在，「日常生活的銷售」也是 —— 一旦你開始留意的話。當你開始觀察，你會看到很多提出請求的機會，這些請求可能會讓你的生活變得更輕鬆、解決某個問題，或是獲得某樣東西，包括：便宜買到音樂會的門票、被警察要求靠邊停車時是收到警告而非罰單。日常生活中有不少人際互動，都可以變成「日常生活的銷售」。

3. 與你請求協助的對象，或者幫你做事的人，建立信任關係。

仔細聆聽、觀察對方當下的狀態，做個良善的人。充分了解與你互動的對象，了解你可以為對方做什麼，以換得你需要的協助。很多人願意為你做一些事，是因為你平日的關照。「日常生活的銷售」，就像職場上的「非正式銷售」一樣，都必須靠真誠獲得。你可以透過這種方式來幫助他人，因為你願意付出，所以獲得回報。

4. 對自己的需要提出請求。

即使你想要的，看起來可能只對你一個人重要，

你還是可以向別人請求協助。在咖啡店，如果咖啡師做錯你的飲料，你可以請他重做。提出下午要請假，因為要去看小孩的學校戲劇表演，這也是很OK的。你不僅有權提出請求，也有權獲得。

5. 繼續追蹤，心懷感謝。

當你嘗試做「日常生活的銷售」時，無論你聽到的是Yes或No的答覆，對方都花了時間聆聽、考慮你的請求，值得你說一聲：「謝謝。」每次你完成一項「日常生活的銷售」時，你就是在為日後的某個時候創造另一個成交機會。和幫助你的人保持聯絡，因為你永遠不知道自己何時可以報答恩情，或者你何時可能又要向同一個人請求另一次的協助。

這五步驟是一套可持續運用的流程，有助於你看到一些明顯擺在眼前的機會 —— 這些日常機會能夠讓你獲得你需要、想要與應得的事物。

這套流程會幫助你帶著自信，請求你想要、需求與應得的一切。無論你聽到的是Yes或No的答覆，它也會讓你做好準備，以「正確」的方式做出回應。對於已經證明很樂意協助你的人，這套流程有助於你們建立長久的關係。

　　無論你現在正在和汽車業務交涉，想要獲得更優惠的價格，或者你和前配偶商議對調週末和小孩相處的時間，這套流程都會幫助你獲得自己需要和想要的事。若是你剛好沒辦法到學校接小孩，要拜託某個人去接，你可以試試這套公式。或者，你想試著用昨天到期的優惠券購物時，它可能同樣適用。下次你需要臨時去看牙醫，不妨試試。

　　在職場和家裡，我們每天都處於「銷售」模式。每一次的人際互動，就是一次交易。你每天進行的每一項請求、妥協和拉鋸戰，都需要你說服別人某些事——可能是一個觀點、構想或行動。如果你不「銷售」，就不會聽到 Yes 的答覆。

　　現在，你知道該如何「銷售」了，請更常「銷售」。

　　請在職場和家裡有效地「銷售」。

　　這套方法對我來說很管用，對任何人來說，應該也都行得通。

　　它對你有用，而且應該已經奏效了。

Dear Reader –

I want to thank you so very much for reading Every Job Is a Sales Job!

If you picked up this book thinking you were not a salesperson and wanted nothing to do with sales, I hope I've changed your mind. I hope the stories and tips in the book have helped you to discover and embrace your inner salesperson.

I appreciate you buying the book and spending your time reading it. I hope you'll share your future sales successes with me at www.drcindy.com

– Dr. Cindy

作者的話

親愛的讀者：

　　真的非常感謝你閱讀《所有工作都是業務工作》！

　　如果你拿起這本書，認為自己不是業務，和業務工作也沒什麼關係，我希望能夠改變你的想法。希望這本書的故事和小訣竅，能夠幫助你發現與接納你內在的那個業務。

　　由衷感謝你購買這本書，並且花時間閱讀。希望你未來能夠與我分享業務成就的點點滴滴：www.drcindy.com。

辛蒂・麥高文 博士

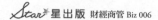 星出版 財經商管 Biz 006

所有工作都是業務工作：
銷售力，最有價值的職場軟實力
Every Job is a Sales Job:
How to Use the Art of Selling to Win at Work

作者 —— 辛蒂‧麥高文 Cindy McGovern
譯者 —— 吳綺爾、林淑鈴

總編輯 —— 邱慧菁
特約編輯 —— 吳依亭
校對 —— 李蓓蓓
封面設計 —— 陳俐君
內頁排版 —— 立全電腦印前排版有限公司

讀書共和國出版集團社長 —— 郭重興
發行人兼出版總監 —— 曾大福
出版 —— 星出版／木馬文化事業股份有限公司
發行 —— 遠足文化事業股份有限公司
　　　　231 新北市新店區民權路 108 之 4 號 8 樓
　　　　電話：886-2-2218-1417
　　　　傳真：886-2-8667-1065
　　　　email: service@bookrep.com.tw
　　　　郵撥帳號：19504465 遠足文化事業股份有限公司
　　　　客服專線 0800221029
法律顧問 —— 華洋國際專利商標事務所 蘇文生律師
製版廠 —— 中原造像股份有限公司
印刷廠 —— 中原造像股份有限公司
裝訂廠 —— 中原造像股份有限公司
登記證 —— 局版台業字第 2517 號

出版日期 —— 2020 年 03 月 11 日第一版第一次印行
定價 —— 新台幣 380 元
書號 —— 2BBZ0006
ISBN —— 978-986-98842-0-4

星出版讀者服務信箱 —— starpublishing@bookrep.com.tw
讀書共和國網路書店 —— www.bookrep.com.tw
讀書共和國客服信箱 —— service@bookrep.com.tw
歡迎團體訂購，另有優惠，請洽業務部：886-2-22181417 ext. 1132 或 1520

國家圖書館出版品預行編目（CIP）資料

所有工作都是業務工作／辛蒂 麥高文（Cindy McGovern）著；
吳綺爾、林淑鈴譯 . -- 第一版 . -- 新北市：星出版：遠足文化發行，
2020.03
256 面；14x20 公分 . --（財經商管；Biz 006）
譯自：Every job is a sales job : how to use the art of selling to win at
work

　ISBN 978-986-98842-0-4(平裝)

1. 銷售 2. 人際關係 3. 職場成功法

496.5　　　　　　　　　　　　　　　　　　　　109002035

新觀點
新思維
新眼界